U0162204

校园

FLOWERS AND WOODS IN SIT

花木物语

上海应用技术大学植物图说

赵杨　王铖　贺坤 等著

中国林业出版社
China Forestry Publishing House

序一

盛夏时节，《校园花木物语》的著者赵杨老师给我发来这本精美的电子版书稿，并邀我为此书作序。鉴于术业有专攻，又虑及自身水平有限，再加之我也从未有为著作写序的经验，一时不敢立即应承此事。

数次悉读《校园花木物语》，令人不由想起2020年时，上海应用技术大学生态技术与工程学院曾在一年内连续成功获批"面向大都市圈绿色发展的复合型观赏园艺人才培养模式创新实践"及"应用型高校服务大都市乡村振兴战略研究和实践"2项国家教育部新农科研究与改革实践项目（教高厅函〔2020〕20号），"以植物应用为特色、多学科交叉融合的园林人才培养模式机制创新实践"等3项上海市教育委员会新农科研究与改革实践项目（沪教委高〔2020〕42号），以及"基于劳动价值观与生态文明观协同的涉农专业人才培养模式创新"上海高校本科重点教改项目（沪教委高〔2020〕55号）等多项教改创新和实践项目，这些项目的共同特点莫不在于将学院以植物教育和研究见长的学科专业特色进行了有机结合。

园林园艺植物以其自身独特的魅力让生活变得更加美好。2022年6月12日，上海植物学会成立园林与园艺专业委会，我有幸当选为首届主任委员，这既彰显了学会领导极具战略的前瞻眼光，又体现了学会对上海应用技术大学生态技术与工程学院的信任和支持。因此，鄙人斗胆允邀为本书写上几句粗浅的读后感，则确是作为生态技术与工程学院院长应尽的职责和义务了。

古有神农学，造福全人类。作为一个农业大国，农业是我国的立国之本。早在先秦时代，我们的祖先就已将植物应用于农耕生产，历史悠久的农业生产所孕育的类型各异、价值丰富的农业文化是中华优秀传统文化不可或缺的重要组成部分。华夏大地是世界稻作农业的发源地，袁隆平先生研发的杂交水稻科技成果为保障全球粮食安全，实现全人类"食无忧"的幸福生活做出了极为巨大的贡献。中国亦是茶的原产地，从茶叶的药用到饮用，从茶栽培到茶文化，中华民族同样为全人类做出了彪炳千秋的伟大功绩。"呦呦鹿鸣，食野之蒿。"用一株小小的青蒿，屠呦呦先生对人类恶性疾病——疟疾实现了有效控制，书写了福荫全人类健康的重彩篇章。我相信，上海应用技术大学生态学子们也定会从《校园花木物语》中悟出"为实现中华民族伟大复兴的中国梦"而努力奋斗的精神，以及心怀天下的使命和担当。

园林有诗情，花木物语美。古代文人雅士蕴含在山水自然中的至情抒发最动人心弦。梅、兰、竹、菊"四君子"是我们孜孜追求高洁情趣的修身目标；陶潜《归田园居》中的"榆柳荫后檐，桃李罗堂前"，激发起无数现代都市人对田园闲情逸致生活的美好向往；"萱草生堂阶，游子行天涯"，孟郊以一首《游子》道尽天下慈母对离家游子的绵绵爱意；杜甫在《自京赴奉先县咏怀五百字》中写有"葵藿倾太阳，物性固莫夺"之句，巧妙地站在植物固有的生物学特性角度上淋漓尽致地表达了内心忧国忧民的爱国情操。"昨夜西风凋碧树。独上高楼，望尽天涯路"，上海应用技术大学校园花木葱茏，无处不关情，有诗有远方，《校园花木物语》定会成为开启上海应用技术大学毕业生再忆母校的记忆闸门之钥。

大学明明德，格物致知行。在上海应用技术大学奉贤校区第一食堂通往图书馆的道路上，石刻有老校长卢冠中亲题的"明德、明学、明理"校训。"大学之道，在明明德，在亲民，在止于至善。""物有本末，事有始终，知所先后，则近道矣。"自然界中的每一种植物都有其自身的生态习性和生长规律，我曾在网上看到这样一句话，大意是"天下没有两片完全相同的叶子，每一朵花都有不同的花期"。正如《校园花木物语》启迪我的：要坚守知行合一、诚意正心的治学之道。在此，我衷心祝福每一位上海应用技术大学青年学子，你们定会拥有属于自己时令节奏的美丽"花期"，你们的盛放也是本书不可或缺的一章。

子曰："知之者不如好之者，好之者不如乐之者"，兴趣和爱好是最好的老师。《校园花木物语》中生态学子们动手营建的"一日看尽长安花""弈园""屋里乡""竹韵""荷塘月色""染尽铅华""玉门春风"等精美别致、意蕴深长的园林作品，这些作品不但激发了他们爱植物，爱劳动，爱自然，爱生命，进而爱专业的浓厚兴趣，而且"润物细无声"般地让学子们沐浴着生态文明观与劳动价值观的教育雨露，使他们受益一生。

春雨润物细无声，一草一木总关情。《校园花木物语》所集摄自上海应用技术大学校园的一幅幅精美植物图片，所倡导的"不教之教"的"浸润式"教育理念，所探索开展的"乐享课植"的萱草文化节和"色彩的花园"活动，无不刻印着学子求学生涯中美好的人生记忆，用心记录着师生们触摸美丽校园的点点滴滴。

寥寥数语写毕之时，正值上海打赢抗击新冠肺炎疫情保卫战之际，市民生活正逐渐恢复常态，可欣喜地步出宅院，去尽情欣赏久违的江南美景。花木物语是花木与人类的共同故事，让我们共同爱护一花一草一木，尊重自然，热爱自然，携手共同努力，走人与自然和谐共生的发展之路。

上海应用技术大学 生态技术与工程学院院长

2022年7月5日

序二

　　校园是授业解惑传道之地，是教学研究育人之所，是大师精英栋梁荟萃之园，这些赋予了校园空间文化的特殊性。其中，植物文化是校园空间文化最重要的组成部分。三一学院苹果树砸出了牛顿万有引力定律，诺贝尔奖获得者屠呦呦通过研究青蒿和黄花蒿，使其成为抗疟药青蒿素和双氢青蒿素的素材。校园展示的博物学知识能够成为不忘教学的初心，研究的启迪和育人的宗旨。丰富的植物种类，良好的园林配置，深邃的文化内涵，优美的自然景色，和谐的学术氛围是一所名牌大学的标配。世界知名大学无一不在设计之初就有一个植物园的布局，哈佛大学阿尔诺德树木园名扬天下，东京大学的小石川植物园亚洲称雄，比萨大学、帕多瓦大学、佛罗伦萨大学、剑桥大学、牛津大学、莱比锡大学的植物园也是世界植物园的经典作品。常常抱怨中国的大学难出大师，是不是可以说与没有植物园的博物学教育有关？

　　植物是人类起源之本，有了植物才有了动物的进化，才有了人类的诞生。校园是不能没有植物的。有了植物的种植设计，师生才能有内心的平静而专注于教研学习。有了植物根茎叶花果实的季相演替，才能激发学生去探索大自然的无穷奥秘。我们的导师恩格斯曾经说过"植物的花卉是大自然的精英"，有了对精英的赞赏和崇拜，才能造就精英的逻辑思维，培育天才的艺术灵感和攻书莫畏难的忘我境界。

　　上海应用技术大学生态技术与工程学院中外互鉴，古今交融，教研一体，本研贯通，知行合一，赵杨、王铖、贺坤等老师们著的《校园花木物语》一书，在系统调查校园植物的基础上，标注醒目，插图美观，编排合理，图文并茂。体现出了建校之初就向知名高校靠拢的信念、决心和追求。

　　植物之美是自然之美的核心。牡丹有国色天香之赞誉，梅花有苦寒孤香之精神，月季有四时

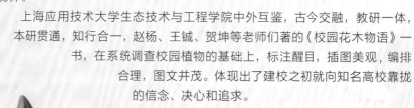

春风之咏颂，菊花有凌寒傲霜之风骨，荷花有出污泥而不染之高洁，萱草亦是一种民族特色花卉，其传统智慧和当代效益挖掘也是独树一帜的。本书以专业术语和花木物语相结合的表达方式，润物无声，不仅可以将形态美、生态美、生理美、结构美和功能美传递给师生和来访者，也成为校园文化内涵的组成内容，进而增强学校的社会影响力。

行业强专业强学科强，强强牵手；
学士点硕士点博士点，点点盛兴；
茎叶语花果语自然语，语语动情；
植物美群落美系统美，美美与共。

我目睹了上海应用技术大学园林和园艺专业从无到有，由弱变强的全过程，欣然为该书作序，期待后续还有更多的植物种类列入书中，有更高学术水平的专著出版，期待作者团队为中国园林注入更多新鲜能量。

张德顺

同济大学　建筑与城市规划学院景观学系教授
上海市植物学会副理事长
2022年7月1日

前言 Preface

　　随着"生态文明""美丽中国"和"新型城镇化"国策推进及园林产业高速发展，园林园艺人才需求随之增长。《上海市绿化市容"十三五"规划》明确提出"推进绿化市容人才高地建设"，国内对于高水平应用型风景园林人才的需求也十分旺盛。

　　上海应用技术大学生态技术与工程学院紧密结合国家生态文明发展战略，立足上海，放眼全国，注重学科交叉融合和创新，注重人民对美好生活向往的社会需求。为满足上海都市园林园艺建设快速发展的高层次应用型人才需求，学院于建院之初设立园林和园艺2个本科专业。2011年，国务院学位委员会与教育部对高等学校学科专业重新进行调整，设置风景园林和生态学一级学科。根据学科发展需要，学校于2012年、2013年分别创办风景园林、生态学本科专业。目前，上海应用技术大学生态技术与工程学院同时设有园林、园艺、风景园林、生态学4个本科专业，其中风景园林专业是上海市的一流本科专业、应用型本科试点专业和高水平中本贯通试点专业，园艺专业入选上海高等学校一流本科建设引领计划。学院设有生态学和风景园林2个硕士学位授权点，并与湖南农业大学等高校联合开展农业资源与环境、能源与环境化学工程等学科领域博士研究生人才培养，是我国东部大都市圈园艺园林、风景园林和环境生态工程类高层次人才培养和科学研究的重要基地。从2007年起，上海应用技术大学生态技术与工程学院师生根据学科和专业建设需要，在奉贤校区内因地制宜建设校内观赏植物园，并将其作为"浸润式"教学平台使用 —— 总占地约100亩（6.67hm^2）。该植物园是集园林花卉与树木品种收集、造景应用、群落生态建设、育种繁殖、栽培管理于一身的学生实习、科学研究、科学普及、休闲娱乐的场所。校内观赏植物园是允许"玩""折腾"的教学和科研基地，是以自然熏陶为目的的教学场所，学生可以全物候、全天候、全方位地不断"浸润"。

校内的观赏植物园可以视作以园林植物群落为主体建构的"书院"。植物是不断生长变化、百读不厌的"活的书";在这个"书院"里,教师和学生的关系比传统课堂更加密切,教学过程可以发生在授课时,也会发生在科研中,还会发生在营建和养护过程中。在植物园内随时随性地游玩、实践,通过眼、手、脑的"充分浸入",认知各类植物,了解其特性,学会对这些植物的应用、管理、繁育及开发等。学生在其中点燃探究激情,培养专业感情,激发自主学习的内源动力,形成了本校该类专业学生培养的特色。与国外高校先进的人才培养方式接轨。

在校内的观赏植物园建成15年之际,借助本书对园林植物的教学和科研进行一些探索。该书由三大部分5个章节组成。第一部分包括第一、二章,是基于校内观赏植物园的平台创新教学模式的探索以及校园景观规划的过程。即在一个校内观赏植物园平台的基础上,一条"不教之教"原则下,以"眼""手""脑"三个层次的"浸润"教学方式,完成学生教师互动的教学、实践、科研过程。第二部分由第三章组成,以图片和文字的形式,分科、属对校园植物进行总揽介绍。第三部分由第四、五组成,是学校植物园建成后,校园植物美景与"不教之教"教学模式的成果展示。

最后,希望本书的出版,能为上海应用技术大学风景园林和生态学科贡献一份力量,使园林植物相关课程群的教学水平更上一层楼,使园林植物的科研成果更进一步,向着更高水平、更深层次、更广范围的规划目标而不懈努力。

著者

2022年3月

目录
Contents

校园

FLOWERS AND WOODS IN SIT

花木物语

上海应用技术大学植物图说

第一章 PART 1

不教之教

基础平台建设
——校内观赏植物园

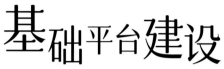

  遵循上海应用技术大学的办学特色，围绕园林园艺产业链的规划设计、植物应用、施工管理和绿地养护等环节，设置风景园林、园林和园艺等围绕植物与生态的专业群，以培养学生植物应用能力为特长，与同济大学、上海交通大学等高校形成错位发展，填补产业链的人才培养断层，重点培养懂工程施工的设计师和会设计的施工管理人员。

  针对应用型高校的园林园艺类专业本科教育，激发学生的学习热情、使之学会学习并享受学习是教学设计的关键；另一方面，通过植物认知、种质创新等一系列教学方法，使学生熟练应用和掌握知识，并在设计项目中熟练运用这些植物的知识和技能，也是专业教学的重点和难点。

  通过对我校各年级在校学生的调查和研究发现，学生对于植物的认知特征更容易被可"玩"、可"折腾"的环境和事物所吸引从而引发思考和主动学习；同时植物特色的专业知识需要全生命周期的观察与学习。因此，构建一个能够激发学生的长久学习兴趣、能够随时随地观察学习的平台成为迫切需要。

  基于上述考虑，从2007年起至今的十多年来，上海应用技术大学的校领导和相关专业的教师，充分利用奉贤新校区内的多块组团绿地，因地制宜逐步建设并使用了一个"随需而生"的"浸润式"教学平台——校内观赏植物园（图1），以期通过环境"浸润"来影响和促进学生内心，最终达到更理想的专业学习效果。该园主要分为8个片区，总占地约100亩。主要包括核心园区、海棠品种园、玉兰园、梅花品种园、樱花与宿根花卉园以及体现学校学科特色的香草园、屋顶容器花园、桃李园等。其中核心园区（图2）占地面积最大，分为中园、南园和北园，即中部综合教学科研及展示功能的花园、南部的萱草花海和北部的种质资源库。

  观赏植物园是集园林花卉与树木品种收集、造景应用、群落生态建设、育种繁殖、栽培管理于一身的学生实习、科学研究、科学普及、休闲娱乐的场所。校内观赏植物园是允许"玩"、"折腾"的教学和科研基地，是以自然熏陶为目的的教学场所，学生可以全物候、全天候、全方位地不断"浸润"。

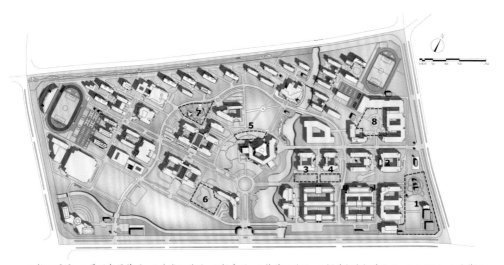

1 核心园区　2 屋顶容器花园　3 海棠品种园　4 桃李园　5 梅花品种园　6 樱花与宿根花卉园　7 玉兰园　8 香草园

图 1　上海应用技术大学校内植物园片区分布示意图（赵杨 绘）

图 2　核心园区航拍图（薛青 摄于 2020 年 6 月）

教学模式构建
——基于校内观赏植物园的"不教之教"

"不教之教"是指以熏陶为重,"让学生'浸润'在发生需求、努力学习的境遇里",主动学习、享受学习,使创新能力和精神"蓬勃滋长",发展学生热爱学习和坚毅求索的核心素养。叶圣陶先生认为"不教之教"是所有教育应追求的境界。

依据"联结一认知"学习理论,结合园林园艺类专业人才以植物应用能力见长的人才培养规律和特质,基于校内观赏植物园构建的"'不教之教'园林园艺教学模式",可以分解为"1个平台 +1条原则 +3种方式",即在一个校内观赏植物园平台的基础上,一条"不教之教"原则下,以"眼""手""脑"三个层次的"浸润"教学方式,完成学生教师互动的教学、实践、科研过程。其中校内观赏植物园这个平台是基础,教师科研借助平台快速发展,学生借助平台优势直接参与教师的研究项目,实现了课内与课外、校内与校外的有机结合。其保障机制主要包括"四年不断线"实践教学体系和"产教融合"全程导师制等。图3是基于校内观赏植物园构建的"不教之教"园林园艺教学模式的构建思路图解,包括主要内容、理论基础和保障机制等。

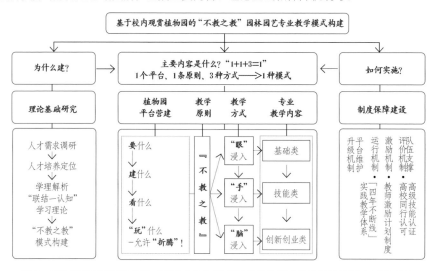

图 3　基于校内观赏植物园的"不教之教"园林园艺教学模式构建思路图解(赵杨 绘)

推广与应用

　　"基于校内观赏植物园的'不教之教'园林园艺教学模式构建"获得2017年度上海市教学成果二等奖。项目总结撰写的论文发表在风景园林行业的核心期刊《风景园林》，并收录在《中国风景园林学会教育大会会议论文集》中，团队教师在2018年的全国风景园林教育大会受邀做学术报告，向全国同行介绍我校"不教之教"的教学模式构建成果。许多国内同行专家表示高度赞同。新华网、学习强国、上海电视台、上海教育电视台、文汇报、上观新闻、新闻晨报、中国青年报、科学网、青年报、青春上海、中国园林网、第一教育等重要媒体也做了广泛报道。

　　上海应用技术大学利用校内植物园作为园林园艺教育的主要教学平台，积极深入贯彻"不教之教"的教学理念。构建过程中，同时建设"双师双能型"园林园艺类教育教师团队，构建了适应上海及周边地区园林园艺类人才需求的专业教学体系和方法。通过"四年不断线"实践教学体系构建，所有教师均以植物园为平台，指导学生参与实践教学、技能训练和创新创意活动，实现了3个100%：即100%教师参加"创新创业创意"的三创项目指导，100%的二三年级学生参加三创项目，形成师生共同完成、促进教学和科研的"三创"成果，100%学生参加高级职业证书考试。依托校企合作，共建校企合作课程，近年教师指导学生获得50余项设计和营建竞赛等奖项，取得了较丰硕的成果。学校培养的园林园艺类毕业生深受社会和用人单位欢迎。

校园

FLOWERS AND WOODS IN SIT

花木物语

上海应用技术大学植物图说

第二章 PART 2

谋篇布局

校园景观规划
与校内观赏植物园发展历程

校园景观规划

　　上海应用技术大学历经三次校园规划：第一次是2007年迁校之初的基本建绿性规划；第二次是2012年对校园景观未来发展的初步定位；第三次是2017年，在此前两轮规划基础上进一步深化完善校园景观总体定位研究，进一步深化景观空间内涵建设。

　　校园整体规划设计以育人景观为着眼点，延展非正式教学空间，充分体现"厚德精技·砥砺知行"的校训，以实现环境育人和文化熏陶并举，努力打造校园文化品牌，优化育人环境，丰富校园文化内涵，打造德育阵地。

　　校园整体规划体现了可持续视角下的校园景观动态更新，站在既有的规划设计成果上达到的又一高度，延续了校园景观的风格，具有传承和升华的意义，有效避免了学校景观风格杂糅、更新建设过程中重复和疏漏等问题。同时放眼未来，结合时代变迁给景观带来的新要求，提出前沿的理念渗透到规划设计中。完善原有规划结构、定位等方面在随时间增长而显露的不足。

　　同时，规划以校园文化建设为核心，在景观更新改造过程中以实现"行为引导、思想引导、人格塑造"等的景观深层次力量为目标，并完成重要节点改造详细规划。育人和教学是规划贯穿始终和渗透到每个景观节点的理念，将校园景观承载的丰富精神文化生活和校园文化底蕴融糅到景观规划设计中作为规划努力的方向。由此提出了景观的深层力量的概念，即行为引导、思想引导、人格塑造。利用景观所承载的丰富性和合理性的综合功能，因势利导，结合优秀的校园景观来引导师生的良好行为。同时通过景观的文化内涵、科学内涵，实现"会讲故事的景观"，构建能够引导师生思考的校园景观，从而达到"育人"的目的。不论室内室外、不同时间空间中都可实现无处不课堂、无边界的教室和沉浸式的学习，从而促进师生、学生、各学科间的交流互动。同时也可以在校园景观中身临其境地感受视觉之美、自然之美、生命之美来提升人的精神境界，塑造更好的人。

校内观赏植物园发展历程

　　我校校内观赏植物园实践教学平台由校内师生自主设计、施工、养护、更新，从2007年始建，2009年完成园区主体部分建设，至2013年完成主要特色专类园建设，在校园内构建了一个"随需而生"的"浸润式"教学平台——校内实践教学平台，总占地约100亩（约6.67hm²）。随着我校风景园林专业的教学、科研运行和发展，校内观赏植物园的各个组成部分也保持边建设、边使用、边维护、边更新的动态发展。校内植物园不仅提供理论、实践课程共48门，而且提供覆盖所有学生的创意、创业、创新训练项目。

核心园区：
谐芳园植物设计

核心园区设计为英式花园的形式，围绕中心的小展览温室、实验教室和镜面水池，周边布置有月季园、香草园、紫藤园、松柏园、绣球区、观赏草区等。

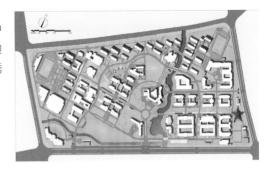

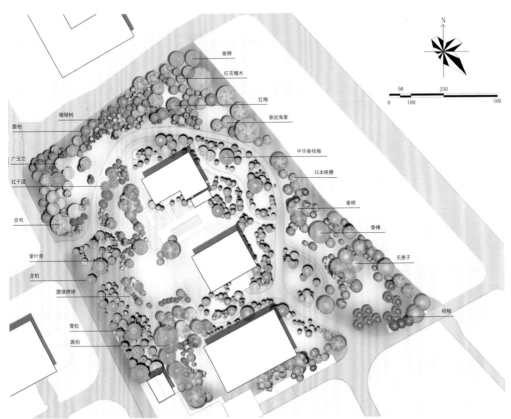

"滴水海湾"
玉兰园植物设计

　　"滴水海湾"是位于第二、三教学楼和学生宿舍之间的花园广场，由生态学院吴威老师主持设计。广场以海湾为依托，以水滴为主题，学生们就像小水滴一样，在大学这个海湾学习、交流、成长，毕业之后融入社会、汇入大海，体现了合作、共享、融入的概念。"滴水海湾"的植物多为复层种植，其中上层乔木或大灌木以华东地区园林中常用的木兰科植物为特色，主要由广玉兰、二乔玉兰、紫玉兰、黄玉兰等，形成了别具特色的玉兰园。

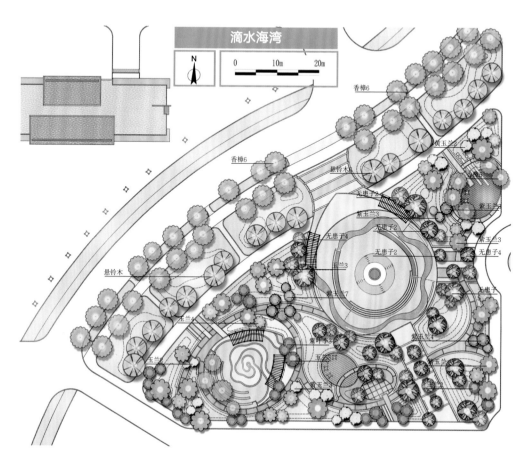

"先贤语迹"

植物设计

　　"先贤语迹"位于图书馆和一食堂之间的新农河边，由我校离休老干部祝尔纯与其丈夫睦忠诠捐资兴建、由生态学院吴威老师主持设计的滨河文化景观花园，通过"墙·椅·碑"三种景观元素展现古圣先贤的智慧结晶，在奉贤校区营造富有中华优秀文化传统气息的读书休闲环境；花园中伫立的忠诠—尔纯塑像、詹守成塑像激励师生共同领悟古圣先贤的嘉言锦句，共同感悟睦忠诠先生、祝尔纯先生、詹守成先生的精神品质，积极传承中华文化、澎湃家国情怀、播撒人间大爱，在新的征程上谱写学校新的辉煌篇章。"先贤语迹"文化景观花园的地被植物选用多种观赏草和宿根花卉，上层植物以春季观花的大灌木和小乔木为特色，主要由梅花、美人梅、贴梗海棠、垂丝海棠、北美海棠、东京樱花等，形成与花园中的碑刻、景墙相掩映的早春花木园，体现先贤精神的勤勉、高洁与美好。

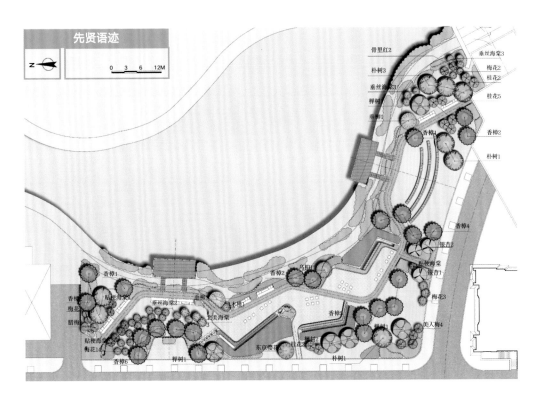

第二学科楼中庭花园
待月庭设计

第二学科楼中庭花园，四面被建筑包围，较少阳光直射。因此，围绕中庭核心景点——浅水涌泉之上的红色"鲁班锁"雕塑小品，以精致花园的形式种植耐阴和喜阴植物，形成阴生植物园。主要选用的特色植物有虎耳草、一叶兰、爬行卫矛、紫金牛、斑叶大吴风草、白芨、矾根、玉簪类、蕨类、绣球类等。

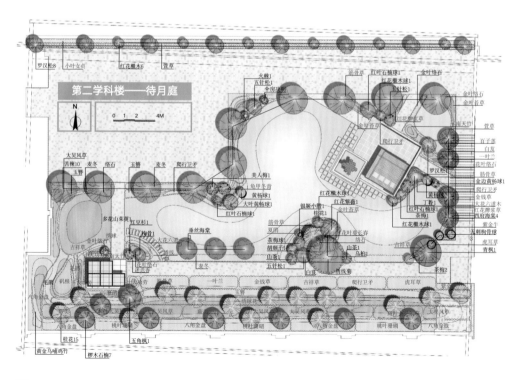

"雁归林"

宿根植物花境设计

　　"雁归林"位于行政楼和第一教学楼之间的绿坡上。林间有题刻"雁归林"的景石，表达了校友回归的亲切和愉悦。雁归林中最醒目的是坡上片植的东京樱花的特色品种"染井吉野"和林下的宿根花境。

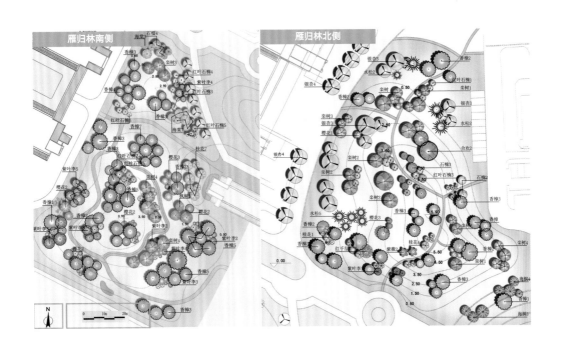

校园

FLOWERS AND WOODS IN SIT

花木物语

上海应用技术大学植物图说

第三章 PART 3

图说植物

校园因植物而四季景异，学习因植物而不再枯燥，生活因植物而富有情趣。走近校园植物，去观察，去欣赏，去发掘藏在你身边的美。

校园植物总揽

上海应用技术大学校园内共有木本植物56科111属183种(含变种、变型和品种),其中有裸子植物7科13属25种,被子植物49科98属158种,具体见下表。

上海应园技术大学校园植物名录表

序号	名称	拉丁名	科	属
1	苏铁	*Cycas revoluta*	苏铁科	苏铁属
2	银杏	*Ginkgo biloba*	银杏科	银杏属
3	五针松	*Pinus parviflora*	松科	松属
4	黑松	*Pinus thunbergii*	松科	松属
5	湿地松	*Pinus elliottii*	松科	松属
6	雪松	*Cedrus deodara*	松科	雪松属
7	池杉	*Taxodium ascendens*	杉科	落羽杉属
8	墨西哥落羽杉	*Taxodium mucronatum*	杉科	落羽杉属
9	水杉	*Metasequoia glyptostroboides*	杉科	水杉属
10	金叶水杉	*Metasequoia glyptostroboides* 'Gold Rush'	杉科	水杉属
11	侧柏	*Platycladus orientalis*	柏科	侧柏属
12	洒金柏	*Platycladus orientalis* 'Aurea Nana'	柏科	侧柏属
13	千头柏	*Platycladus orientalis* 'Sieboldii'	柏科	侧柏属
14	翠柏	*Calocedrus macrolepis*	柏科	翠柏属
15	金线柏	*Chamaecyparis pisifera* ' Filifera Aurea'	柏科	扁柏属
16	蓝湖柏	*Chamaecyparis pisifera* 'Boulevard'	柏科	扁柏属
17	孔雀柏	*Chamaecyparis obtusa* 'Tetragona'	柏科	扁柏属
18	蓝冰柏	*Cupressus glabra* 'Blue Ice'	柏科	柏木属
19	铺地柏	*Juniperus procumbens*	柏科	刺柏属
20	圆柏	*Juniperus chinensis*	柏科	刺柏属

续表

序号	名称	拉丁名	科	属
21	龙柏	*Sabina chinensis* 'Kaizuka'	柏科	刺柏属
22	金叶桧	*Sabina chinensis* 'Aurea'	柏科	刺柏属
23	罗汉松	*Podocarpus macrophyllus*	罗汉松科	罗汉松属
24	南方红豆杉	*Taxus wallichiana* var. *mairei*	红豆杉科	红豆杉属
25	欧洲红豆杉	*Taxus baccata*	红豆杉科	红豆杉属
26	玉兰	*Yulania denudata*	木兰科	玉兰属
27	二乔玉兰	*Yulania × soulangeana*	木兰科	玉兰属
28	广玉兰	*Magnolia grandiflora*	木兰科	木兰属
29	含笑	*Michelia figo*	木兰科	含笑属
30	杂交鹅掌楸	*Liriodendron chinense × tulipifera*	木兰科	鹅掌楸属
31	蜡梅	*Chimonanthus praecox*	蜡梅科	蜡梅属
32	亮叶蜡梅	*Chimonanthus nitens*	蜡梅科	蜡梅属
33	香樟	*Cinnamonum camphora*	樟科	樟属
34	月桂	*Laurus nobilis*	樟科	月桂属
35	南天竹	*Nandina domestica*	小檗科	南天竹属
36	火焰南天竹	*Nandina domestica* 'Firepower'	小檗科	南天竹属
37	豪猪刺	*Berberis julianae*	小檗科	小檗属
38	法桐	*Platanus orientalis*	悬铃木科	悬铃木属
39	枫香	*Liquidambar formosana*	金缕梅科	枫香属
40	北美枫香	*Liquidambar styraciflua*	金缕梅科	枫香属
41	红花檵木	*Loropetalum chinense* var. *rubrum*	金缕梅科	檵木属
42	蚊母树	*Distylium racemosum*	金缕梅科	蚊母属
43	光叶榉	*Zelkova serrata*	榆科	榉属
44	朴树	*Celtis sinensis*	榆科	朴树属
45	垂枝金叶榆	*Ulmus pumila* 'Chuizhi Jinye'	榆科	榆属
46	枫杨	*Pterocarya stenoptera*	胡桃科	枫杨属
47	杨梅	*Myrica rubra*	杨梅科	杨梅属
48	河桦	*Betula nigra*	桦木科	桦木属
49	山茶花	*Camellia japonica*	山茶科	山茶属
50	茶梅	*Camellia sasanqua*	山茶科	山茶属
51	美人茶	*Camellia uraku*	山茶科	山茶属

续表

序号	名称	拉丁名	科	属
52	厚皮香	*Ternstroemia gymnanthera*	山茶科	厚皮香属
53	猕猴桃	*Actinidia chinensis*	猕猴桃科	猕猴桃属
54	梭罗树	*Reevesia pubescens*	梧桐科	梭罗树属
55	木槿	*Hibiscus syriacus*	锦葵科	木槿属
56	海滨木槿	*Hibiscus hamabo*	锦葵科	木槿属
57	木芙蓉	*Hibiscus mutabilis*	锦葵科	木槿属
58	山桐子	*Idesia polycarpa*	大风子科	山桐子属
59	柽柳	*Tamarisk chinensis*	柽柳科	柽柳属
60	垂柳	*Salix babylonica*	杨柳科	柳属
61	彩叶杞柳	*Salix integra* 'Hakuro Nishiki'	杨柳科	柳属
62	锦绣杜鹃	*Rhododendron × pulchrum*	杜鹃花科	杜鹃属
63	秤锤树	*Sinojackia xylocarpa*	息香科	秤锤树属
64	柿树	*Diospyros kaki*	柿科	柿属
65	海桐	*Pittosporum tobira*	海桐科	海桐花属
66	八仙花	*Cardiandra moellendorffii*	虎耳草科	草绣球属
67	钟花溲疏	*Deutzia × rosea* 'Campanulata'	虎耳草科	溲疏属
68	桃	*Prunus persica*	蔷薇科	李属
69	碧桃	*Prunus persica* 'Duplex'	蔷薇科	李属
70	豆梨	*Pyrus calleryana*	蔷薇科	梨属
71	沙梨	*Pyrus pyrifolia*	蔷薇科	梨属
72	石楠	*Photinia serrulata*	蔷薇科	石楠属
73	罗城石楠	*Photinia lochengensis*	蔷薇科	石楠属
74	红叶石楠	*Photinia × fraseri*	蔷薇科	石楠属
75	火棘	*Pyracantha fortuneana*	蔷薇科	火棘属
76	小丑火棘	*Pyracantha fortuneana* 'Harlequin'	蔷薇科	火棘属
77	垂丝海棠	*Malus halliana*	蔷薇科	苹果属
78	海棠花	*Malus spectabilis*	蔷薇科	苹果属
79	北美海棠	*Malus* 'American'	蔷薇科	苹果属
80	李	*Prunus salicina*	蔷薇科	李属
81	紫叶李	*Prunus cerasifera*	蔷薇科	李属
82	美人梅	*Prunus × blireana* 'Meiren'	蔷薇科	李属

序号	名称	拉丁名	科	属
83	梅	*Armeniaca mume*	蔷薇科	李属
84	山楂	*Crataegus pinnatifida*	蔷薇科	山楂属
85	日本晚樱	*Prunus serrulata* var. *lannesiana*	蔷薇科	李属
86	东京樱花	*Prunus × yedoensis*	蔷薇科	李属
87	郁李	*Cerasus japonica*	蔷薇科	李属
88	枇杷	*Eriobotrya japonica*	蔷薇科	枇杷属
89	喷雪花	*Spiraea thunbergii*	蔷薇科	绣线菊属
90	贴梗海棠	*Chaenomeles speciosa*	蔷薇科	木瓜属
91	现代月季	*Rosa hybrida*	蔷薇科	蔷薇属
92	白木香	*Rosa banksiae*	蔷薇科	蔷薇属
93	野蔷薇	*Rosa multiflora*	蔷薇科	蔷薇属
94	金樱子	*Rosa laevigata*	蔷薇科	蔷薇属
95	紫荆	*Cercis chinese*	豆科	紫荆属
96	加拿大紫荆	*Cercis canadensis*	豆科	紫荆属
97	多花紫藤	*Wisteria floribunda*	豆科	紫藤属
98	紫藤	*Wisteria sinensis*	豆科	紫藤属
99	龙爪槐	*Styphnolobium japonicum* 'Pendula'	豆科	槐属
100	黄金槐	*Sophora japonica* 'Golden Stem'	豆科	槐属
101	金叶刺槐	*Robinia pseudoacacia* 'Frisia'	豆科	刺槐属
102	红花锦鸡儿	*Caragana rosea*	豆科	锦鸡儿属
103	合欢	*Albizia julibrissin*	豆科	合欢属
104	胡颓子	*Elacagnus pungens*	胡颓子科	胡颓子属
105	金边胡颓子	*Elaeagnus pungens* 'Varlegata'	胡颓子科	胡颓子属
106	紫薇	*Lagerstroemia indica*	千屈菜科	紫薇属
107	结香	*Edgeworthia chrysantha*	瑞香科	结香属
108	菲油果	*Feijoa sellowiana*	桃金娘科	菲油果属
109	红千层	*Callistemon rigidus*	桃金娘科	红千层属
110	橙花红千层	*Callistemon citrinus*	桃金娘科	红千层属
111	花叶香桃木	*Myrtus mommunis* 'Variegata'	桃金娘科	香桃木属
112	喜树	*Camptotheca acuminata*	蓝果树科	喜树属
113	洒金珊瑚	*Aucuba japonica* var. *variegata*	山茱萸科	桃叶珊瑚属

续表

序号	名称	拉丁名	科	属
114	日本四照花	*Cornus kousa*	山茱萸科	四照花属
115	光皮梾木	*Cornus wilsoniana*	山茱萸科	梾木属
116	金边大叶黄杨	*Euonymus japonicus* 'Aureo-marginatus'	卫矛科	卫矛属
117	龟甲冬青	*Ilex crenata* var. *convexa*	冬青科	冬青属
118	枸骨	*Ilex cornuta*	冬青科	冬青属
119	无刺枸骨	*Ilex cornuta* 'National'	冬青科	冬青属
120	小叶枸骨	*Ilex dimorphophylla*	冬青科	冬青属
121	欧洲冬青	*Ilex aquifolium*	冬青科	冬青属
122	黄杨	*Buxus sinica*	黄杨科	黄杨属
123	栾树	*Koelreuteria paniculata*	无患子科	栾树属
124	黄山栾树	*Koelreuteria bipinnata* 'Integrifoliol'	无患子科	栾树属
125	无患子	*Sapindus saponaria*	无患子科	无患子属
126	红枫	*Acer palmatum* 'Atropurpureum'	槭树科	槭属
127	鸡爪槭	*Acer palmatum*	槭树科	槭属
128	元宝槭	*Acer truncatum*	槭树科	槭属
129	复叶槭	*Acer negundo*	槭树科	槭属
130	苦楝	*Melia azedarach*	楝科	楝属
131	黄栌	*Cotinus coggygria*	漆树科	黄栌属
132	黄连木	*Pistacia chinensis*	漆树科	黄连木属
133	南酸枣	*Choerospondias axillaris*	漆树科	南酸枣属
134	柚	*Citrus maxima*	芸香科	柑橘属
135	胡椒木	*Zanthoxylum bungeanum*	芸香科	花椒属
136	竹叶椒	*Zanthoxylum armatum*	芸香科	花椒属
137	夹竹桃	*Nerium oleander*	夹竹桃科	夹竹桃属
138	花叶络石	*Trachelospermum jasminoides* 'Flame'	夹竹桃科	络石属
139	金森女贞	*Ligustrum japonicum* var. *Howardii*	木樨科	女贞属
140	女贞	*Ligustrum lucidum*	木樨科	女贞属
141	银姬小蜡	*Ligustrum sinense* 'Variegatum'	木樨科	女贞属
142	银霜女贞	*Ligustrum japonicum* 'Jack Frost'	木樨科	女贞属
143	小蜡	*Ligustrum sinense*	木樨科	女贞属
144	浓香茉莉	*Chrysojasminum odoratissimum*	木樨科	探春花属

序号	名称	拉丁名	科	属
145	云南黄馨	*Jasminum mesnyi*	木樨科	素馨属
146	欧洲丁香	*Syringa vulgaris*	木樨科	丁香属
147	金桂	*Osmanthus fragrans* var. *thunbergii*	木樨科	木樨属
148	四季桂	*Osmanthus fragrans* var. *semperflorens*	木樨科	木樨属
149	连翘	*Forsythia suspensa*	木樨科	连翘属
150	金钟花	*Forsythia viridissima*	木樨科	连翘属
151	栀子花	*Gardenia jasminoides*	茜草科	栀子属
152	凌霄	*Campsis grandiflora*	紫葳科	凌霄属
153	金叶梓树	*Catalpa bignonioides* 'Aurea'	紫葳科	梓树属
154	紫叶梓树	*Catalpa bignonioides* 'Purpurea'	紫葳科	梓树属
155	接骨木	*Sambucus williamsii*	忍冬科	接骨木属
156	大花六道木	*Abelia* × *grandiflora*	忍冬科	糯米条属
157	锦带花	*Weigela florida*	忍冬科	锦带花属
158	金银花	*Lonicera japonica*	忍冬科	忍冬属
159	蓝叶忍冬	*Lonicera korolkowii*	忍冬科	忍冬属
160	郁香忍冬	*Lonicera fragrantissima*	忍冬科	忍冬属
161	珊瑚树	*Viburnum odoratissimum*	忍冬科	荚蒾属
162	木本绣球	*Viburnum macrocephalum*	忍冬科	荚蒾属
163	琼花	*Viburnum macrocephalum* f. *keteleeri*	忍冬科	荚蒾属
164	粉团球	*Viburnum plicatum*	忍冬科	荚蒾属
165	琉球荚蒾	*Viburnum suspensum*	忍冬科	荚蒾属
166	乌桕	*Triadica sebifera*	大戟科	乌桕属
167	山麻杆	*Alchornea davidii*	大戟科	山麻杆属
168	枣	*Ziziphus jujuba*	鼠李科	枣属
169	地锦	*Parthenocissus tricuspidata*	葡萄科	地锦属
170	五叶地锦	*Parthenocissus quinquefolia*	葡萄科	地锦属
171	澳洲朱蕉	*Cordyline australis*	天门冬科	朱蕉属
172	高节竹	*Phyllostachys prominens*	禾本科	刚竹属
173	金镶玉竹	*Phyllostachys aureosulcata* 'Spectabilis'	禾本科	刚竹属
174	金明竹	*Phyllostachys reticulata* f. *castillonis*	禾本科	刚竹属
175	紫竹	*Phyllostachys nigra*	禾本科	刚竹属

续表

序号	名称	拉丁名	科	属
176	筠竹	*Phyllostachys glauca f. yunzhu*	禾本科	刚竹属
177	矢竹	*Pseudosasa japonica*	禾本科	矢竹属
178	阔叶箬竹	*Indocalamus latifolius*	禾本科	箬竹属
179	孝顺竹	*Bambusa multiplex*	禾本科	簕竹属
180	倭竹	*Shibataea kumasaca*	禾本科	鹅毛竹属
181	棕榈	*Trachycarpus fortunei*	棕榈科	棕榈属
182	加拿利海枣	*Phoenix canariensis*	棕榈科	海枣属
183	布迪椰子	*Butia capitata*	棕榈科	果冻椰子属

谐芳园植物详解

　　谐芳园内共收集各类木本植物超过57科111属176种（含变种、变型和品种），其中裸子植物7科13属24种，被子植物50科101属152种，园内植物见下图。

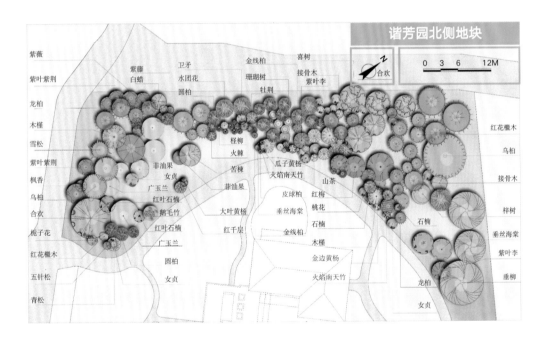

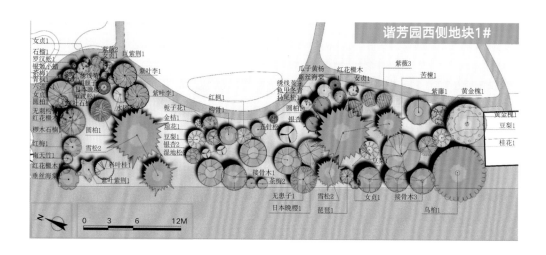

谐芳园西侧地块1#

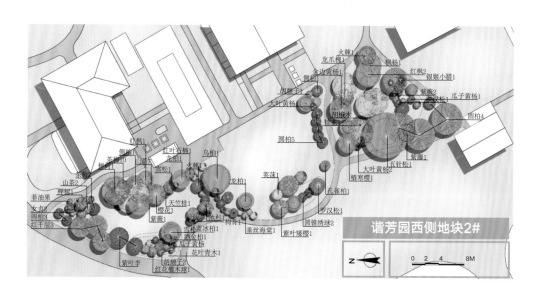

谐芳园西侧地块2#

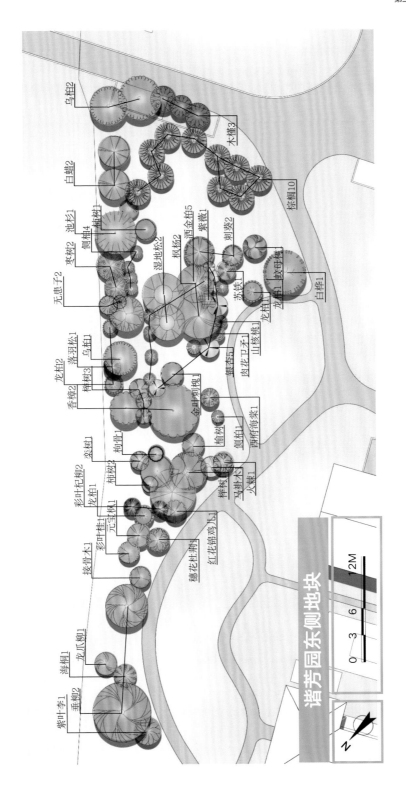

谐芳园东侧地块

12M

0 3 6

N

校园植物图说

　　校园因植物而四季景异，学习因植物而不再枯燥，生活因植物而富有情趣。走近校园植物，去观察，去欣赏，去发掘藏在你身边的美。

苏铁 *Cycas revoluta*

苏铁科 / 苏铁属

观赏特性： 株形优美，大型羽状叶周年碧绿；雌花硕大、扁球状，雄花圆柱状如宝塔，花期6~8月；种子卵形、红色，非常醒目。

园林价值： 优良的观形树种，可盆栽观赏，也可于花坛、草坪中孤植、对植或丛植观赏，与山石、凤尾兰配置可营造出浓郁的热带风情。

PLANT 002 银杏 *Ginkgo biloba*

银杏科 / 银杏属

观赏特性： 主干通直，树姿雄伟、挺拔；叶形独特，如一片片小扇面随风摆动，为著名秋色叶树种，深秋季节满树金黄。

园林价值： 优美的观叶、观形树种，可作主景树、行道树、庭园树和绿化造林树种，常对植于大型建筑入口或庙宇前，也可于庭院中孤植、丛植或列植，还可群植于草坪观赏。种子又称白果，味美，为传统佳果。

五针松 *Pinus parviflora*

松科 / 松属

观赏特性: 枝叶细密,叶色苍翠,周年常绿,经整形后,树姿自然、古朴,球果小巧、玲珑可爱。

园林价值: 珍贵的观赏树种,喜光也稍耐阴,生长缓慢,耐修剪,常用于制作盆景,也可地栽造型,植于花坛作主景树,也可与景石、假山配置。

湿地松 *Pinus elliottii*

松科 / 松属

观赏特性： 树干笔直，树势挺拔，株形规整，叶色苍翠，周年常绿，树皮紫褐色，呈不规则块状开裂，粗犷、自然。

园林价值： 土壤适应性强，耐水湿，也耐轻度盐碱，可作四旁绿化树种，抗风能力强，常用于农田防护林建设，也可用于造林或城市绿化。

PLANT 005 黑松 *Pinus thunbergii*

松科 / 松属

观赏特性: 叶色翠绿,周年常青;树干易弯曲,成年大树枝条平展,树冠常呈平顶状,树姿自然、古朴,树皮黑灰色,常沟状开裂,粗犷、自然。

园林价值: 强阳性,耐干旱、瘠薄,也能耐一定的盐碱,抗海潮风,可作为海岸绿化的先锋树种,也可用作城市园林绿化,还是五针松嫁接的砧木。

PLANT
006

雪松 *Cedrus deodara*

松科 / 雪松属

观赏特性： 大枝平展，树冠呈圆整的尖塔形，树姿优美，叶色苍翠，周年常青，是著名的观形树种；球果硕大，粉中带绿，雅致脱俗。

园林价值： 喜光，也稍耐阴，有一定耐寒性，北京地区可栽培，常作观形的主景树，最宜于草坪中孤植或丛植观赏，也可列植于宽阔道路两侧绿化带中，气势宏伟。

PLANT 007 水杉 *Metasequoia glyptostroboides*

杉科 / 水杉属

观赏特性: 主干笔直，树体高大雄伟，树冠呈规整的尖塔形，整齐划一，树姿优美；秋季叶色由绿转黄棕，秋意极盛。近年国外已选育出一批园艺品种，其中金叶水杉 *M. glyptostroboides* 'Aurea' 新叶金黄色，春季整个树体满树金黄，极为壮观。

园林价值: 本种为我国特产的著名孑遗树种，生长较快，是四旁绿化的优良种类，可列植于近水岸边或规则式园林中道路两侧，也可在开阔草坪上孤植或丛植。

PLANT
008

池杉 *Taxodium ascendens*

杉科 / 落羽杉属

观赏特性: 主干通直,树冠圆整丰满,枝叶细密,小枝条柔软下垂,树姿优美;低湿处种植,常发生膝根,别有情趣。

园林价值: 原产于北美沼泽地带,极耐水湿,可长期生长于浅水中,是长江流域以南平原水网地带四旁绿化优良树种,也可庭园种植观赏,尤其适合水边种植,观赏其倒影和膝根。

PLANT
009

侧柏 *Platycladus orientalis*

柏科 / 侧柏属

观赏特性： 枝叶细密，叶色浓绿，周年常绿，经冬不凋；小枝呈细密的薄片竖直排列，规整可爱；幼树树冠圆整，大树主干古朴、苍劲。

园林价值： 喜光，耐寒，耐干旱盐碱，是我国园林绿化中重要的针叶树种，常孤植、列植或群植于庭院、寺庙、风景区，皇家园林中古树保存尤多。耐修剪能力较强，可作绿篱。园艺品种较多，著名的有千头柏（*P. orientalis* 'Sieboldii'）丛生灌木，树冠紧密，呈卵圆形或球形；洒金柏（*P. orientalis* 'Aurea Nana'），树冠矮密，呈圆形至卵圆形，叶淡黄绿色。

PLANT
010

金线柏 *Chamaecyparis pisifera* 'Filifera Aurea'

柏科 / 扁柏属

观赏特性: 小枝细长柔软,叶色金黄,如缕缕金丝轻盈下垂,色彩靓丽,可周年观赏;
植株低矮,枝叶婆娑,自然有致。

园林价值: 中性,较耐阴。园林中可于道旁孤植,也可于绿地中群植观赏,还可与同
类叶色浓绿品种搭配,最宜与山石配植,色彩调和、兼具刚柔之美。

45

圆柏 *Juniperus chinensis*

柏科 / 刺柏属

观赏特性: 幼年期树冠圆锥形,逐渐变为广圆形,株形规整、统一,具有强烈的几何美感,枝叶繁密,叶色翠绿,周年可赏。

园林价值: 喜光,稍耐阴,耐干旱、瘠薄,土壤适应性强,是南北适用的优良园林绿化和用材树种。可列植于道旁,营造秩序感,也可丛植于绿地,表现竖直硬朗的氛围,还可植于陵园营造庄重、肃穆的气氛。生长较慢,耐修剪,可作绿篱用。园艺品种较多,著名的有:龙柏 *Juniperus chinensis* 'Kaizuca' 树干呈不规整柱形,小枝扭曲向上,全为鳞叶;金叶桧 *Juniperus chinensis* 'Aurea' 部分小枝顶端叶片呈黄白色。

蓝冰柏 *Cupressus glabra 'Blue Ice'*

柏科 / 柏木属

观赏特性： 枝叶繁密，树形标准，幼树呈规整的长卵形，叶蓝白色，整个树冠如洒满银霜，是著名的针叶彩叶树种。

园林价值： 喜光，生长快。园林绿化中可作为彩叶树种与其他叶色浓绿针叶树种搭配，也可于道旁、水池边列植，观赏其标致的株形和充满神秘感的色彩。

罗汉松 *Podocarpus macrophyllus*

罗汉松科 / 罗汉松属

观赏特性: 树形优美,枝叶繁密,周年常绿,果期9~10月,成熟时满树红点,蓝灰色种子生于鲜红的种托上,如披红色袈裟打坐参禅的罗汉,极具观赏情趣。

园林价值: 较耐阴,下层枝叶也较繁茂,可配置于林缘或楼北。枝叶繁密,生长慢、耐修剪,可作绿篱、盆景或地栽造型树种,还可作为防火树种。

PLANT
014 **红豆杉** *Taxus wallichiana* var. *chinensis* 红豆杉科 / 红豆杉属

观赏特性： 枝叶繁密，树姿优雅，小枝柔软下垂，叶色周年常绿，果期6~11月，果
熟时满树红色星星点点，棱角分明的黄褐色种子包于鲜红的假种皮里，犹
如红宝石般。

园林价值： 较耐阴，生长较慢，宜配植于林缘或适当蔽荫处。树形端正，可孤植，也
可丛植观赏。叶富含紫杉醇，可作为园林保健树种。

欧洲红豆杉 *Taxus baccata*

红豆杉科 / 红豆杉属

观赏特性: 成年树植株高大,枝繁叶茂,树形优美,球果种托红色、杯状,直径达
1.2cm,果熟时满树红点,分外醒目。耐修剪,常修剪成各种造型。园艺
品种较多,株形变化较大,从矮生灌木型到圆柱状。

园林价值: 枝叶繁密,生长较慢,耐修剪能力强,是欧洲古典园林中常用树种,常栽
培作绿篱,也可修剪整形成各种造型。

广玉兰 *Magnolia grandiflora*

PLANT 016

木兰科 / 木兰属

观赏特性: 主干通直,植株高大挺拔,树冠规整统一,叶色亮绿,周年常青,花大而香,花色洁白,形如荷花,故又称荷花玉兰,花开时节,朵朵白花点缀树冠,蔚为壮观。

园林价值: 树形优美、端正,非常适合孤植于草坪上观赏,也常作为行道树列植于宽阔绿化带内,还可与其他树种配置,形成人工群落。

PLANT
017

含笑 *Michelia figo*

木兰科 / 含笑属

观赏特性: 常绿灌木,枝叶繁密,叶色翠绿,有光泽;花期较长,从4月可开到6月,花瓣初开时白色,后边缘变紫红,非常娇艳。

园林价值: 较耐阴,常植于堂前花坛中观赏,最宜植于院中出入口处、窗前或墙角处,每当花朵绽放,阵阵宜人的香味随风飘散。

PLANT 018 杂交鹅掌楸

Liriodendron chinense × tulipifera

木兰科 / 鹅掌楸属

观赏特性： 树姿高大雄伟，树干通直，树皮光滑；叶形奇特，酷似马褂，每当清风徐来，仿佛一件件小马褂随风飘舞；花大而香，花色橙红，花形与郁金香相似。

园林价值： 喜光，生长较快。树体高大，冠大荫浓，可作庭荫树，也可孤植或丛植于草坪上观赏；也可作行道树。

PLANT
019

香樟 *Cinnamomum camphora*

樟科 / 樟属

观赏特性: 冠大荫浓，树势高大雄伟，幼时树干通直，成年老树枝条虬曲，古朴自然；枝叶茂密，叶色翠绿，周年常青，有香气；果实黑色，也可观赏。

园林价值: 喜光，稍耐阴；对土壤要求不严，适应性强。常作行道树栽培，树体高大，也可作庭荫树，还可作庭园树种，植于草坪或广场观赏。

PLANT
020

月桂 *Laurus nobilis*

樟科 / 月桂属

观赏特性： 树冠圆整，枝叶茂密，四季常青；叶色翠绿，叶形修长，有香气；花色蜡黄，花开时节，黄花绿叶，颇为素雅。西方古时常用桂枝编制花环，赠与获胜者。

园林价值： 喜光，稍耐阴；对土壤要求不严。枝叶繁茂，生长较慢，常作绿篱，修剪成各种高绿篱或器物造型，可孤植、列植于草坪、道旁或花坛中，也可对植于建筑入口处。

PLANT
021

南天竹 *Nandina domestica*

小檗科 / 南天竹属

观赏特性： 茎干丛生，枝叶秀丽，株形潇洒；秋冬季节，叶色由绿变红，极为红艳；
果实累累，果色红亮；为观形、观叶、观果的优良种类。

园林价值： 喜半阴，强光下也能生长。可丛植于庭前花坛中或道路转角处，最宜与山
石配植，兼具刚柔之美；还可成片种植于林缘或草坪上，营造壮观的秋
景。著名的园艺品种有火焰南天竹 *N. domestica* 'Firepower'，生长极慢，
植株低矮，株形紧凑，冬季叶色极为鲜艳。

豪猪刺 *Berberis julianae*

小檗科 / 小檗属

观赏特性：枝条细密，密生小刺，春季开黄色小花布满枝头，秋季叶色变红，果实累累，红艳可爱。

园林价值：喜光，稍耐阴，也耐寒，对土壤要求不严。园林中常作为刺篱材料，也可于草坪、林缘丛植或群植观赏。同属著名的园艺品种有紫叶小檗 *B. thunbergii* 'Atropurpurea'，叶紫红色，常作绿篱或色块种植，是北方地区常用绿篱树种。

PLANT
023

一球悬铃木 *Platanus occidentalis*

悬铃木科 / 悬铃木属

观赏特性： 主干通直，枝繁叶茂，树体高大，树姿雄伟；幼树皮色灰绿，成年树皮色灰白，极具观赏价值。

园林价值： 适应性强，不择土壤，极耐修剪，是世界著名行道树种。冠大荫浓，可作庭荫树，也可孤植于草坪上观赏。

PLANT 024 **枫香** *Liquidambar formosana*　　　　　　　金缕梅科 / 枫香属

观赏特性： 树体高大，主干通直，枝繁叶茂，气势雄伟；秋季叶色经霜转红，极为鲜艳、壮观，是南方著名的秋色叶树种。

园林价值： 冠大荫浓，树体高大，可植于院中作庭荫树，也可孤植或丛植于草坪上观赏，还可成片植于坡地或山岗，营造出壮观的风景林；也能作行道树，只是移栽比较困难。

PLANT 025

红花檵木 *Loropetalum chinense* var. *rubrum*

金缕梅科 / 檵木属

观赏特性: 常绿小乔木或灌木,枝繁叶茂,叶色紫红,周年可观;开花时节,满树红花,花瓣似小丝带,颇为奇特。

园林价值: 耐半阴,适应性强。枝繁叶茂,株形紧密,常作绿篱、色块,也可修剪整形成各种绿植造型,无论孤植、丛植或成片群植皆可。

蚊母树 *Distylium racemosum*

金缕梅科 / 蚊母树属

观赏特性: 常绿小乔木或灌木,枝叶茂密,周年长绿,小花无花瓣,但雄蕊紫红色,红花绿叶,格外醒目。

园林价值: 喜光,稍耐阴,对土壤要求不严,适应性强。枝繁叶茂,萌芽力强,耐修剪,常作绿篱,也可修剪整形成球形,孤植、对植、丛植或列植皆可。

光叶榉 *Zelkova serrata*

榆科 / 榉树属

观赏特性: 落叶大乔木,主干通直挺拔,枝叶细密,树形圆整,树姿雄伟;秋叶紫红色,阳光下格外醒目鲜艳。

园林价值: 不择土壤,耐烟尘、抗污染能力强,常作行道树;树体高大,冠大荫浓,可作庭荫树;材质坚实,纹理美观,也可作四旁绿化和造林树种。"榉"音同"举",旧时常寓意中举。

枫杨 *Pterocarya stenoptera*

胡桃科 / 枫杨属

观赏特性: 落叶大乔木,树体高大,树冠宽广,枝叶茂密,树姿自然;羽状叶排列整齐,具形式美感;翅果成串下垂,小翅开张,小巧可爱。

园林价值: 根系发达,极耐水湿,是河岸绿化的优良树种;对烟尘和二氧化硫有较强抗性,可作厂矿绿化;树形开展,树姿自然,适合水边自然式种植。

PLANT 029

杨梅 *Myrica rubra*

杨梅科 / 杨梅属

观赏特性: 常绿乔木,枝繁叶茂,树冠圆整,树形优美;叶色亮绿,周年常青;初夏时节,红果累累,如满珊瑚。

园林价值: 杨梅为南方地区著名水果,极具南方地域特色,是生产结合绿化的优良种类。可孤植于花坛,对植于建筑入口,也可孤植或丛植于草坪观赏。

030

河桦 *Betula nigra*

桦木科 / 桦木属

观赏特性: 树冠开展，小枝纤细，柔韧下垂，树姿优美自然；果实圆柱形，规整可爱；
老树皮片状开裂，红与黑交错，颇具观赏价值。

园林价值: 河桦植株高大，株形自然柔美，耐水湿能力颇强，非常适合配置于近水的
缓坡草地观赏；也可孤植或丛植于草坪。

PLANT
031

山茶花 *Camellia japonica*

山茶科 / 山茶属

观赏特性： 为常绿灌木或乔木，叶色翠绿，富有光泽，四季常青；品种较多，花大色艳，花形丰富，盛花时节，满树繁花。

园林价值： 枝繁叶茂，树形优美；花期早，正值冬季、早春少花季节，花期从11月至翌年3月，长达5个月；可花坛孤植，也可于路边、建筑前、墙角处种植观赏，也可盆栽观赏。

PLANT
032

茶梅 *Camellia sasanqua*

山茶科 / 山茶属

观赏特性： 为常绿灌木或乔木，枝叶细密，四季常青；品种较多，花色丰富，开花整齐，满树繁花，极为壮观。

园林价值： 茶梅品种较多，花期长，不同品种搭配，花期可从10月延续到翌年4月；开花繁茂，花相壮观，可作花灌木栽培，也可栽作花篱，还可以盆栽观赏。

PLANT
033

美人茶 *Camellia uraku*

山茶科 / 山茶属

观赏特性：为常绿灌木或乔木，树冠圆整，叶色深绿，富有光泽，四季常青；花色深红或水红，花期极早，从12月至翌年3月；开花时节，粉红色花朵点缀于叶间，分外清丽可爱。

园林价值：美人茶为著名冬花佳品，常于雪中绽放，格外醒目；可植于花坛观赏，也可植于道路两侧、庭院中、高墙前观赏。

PLANT
034

厚皮香 *Ternstroemia gymnanthera*

山茶科 / 厚皮香属

观赏特性： 为常绿灌木或乔木，枝叶细密，叶片富有光泽；叶簇生枝端，红色叶柄隐
于叶间，极富特色；花小，但有浓香；果实红色，也颇具观赏价值。

园林价值： 枝叶细密，富有光泽，红色叶柄衬托翠绿叶片，清丽可爱，可孤植观
赏，也可作绿篱栽培，还可修剪整形成各种造型。

校园花木物语 上海应用技术大学植物图说

PLANT
035

木槿 *Hibiscus syriacus*

锦葵科 / 木槿属

观赏特性: 为落叶灌，枝条繁茂；品种繁多，花朵硕大，花色艳丽，花形多样，盛花时，满树繁花，颇为壮观；花期6~9月。

园林价值: 木槿为夏秋季节开花的著名观花植物，花期较长，可列植作花篱，也可作观花乔木栽培，常配置于路侧、草坪边或林缘观赏。木槿为韩国国花，象征历经磨难而矢志弥坚的精神。

036 海滨木槿 *Hibiscus hamabo*

锦葵科 / 木槿属

观赏特性： 为落叶灌木，树冠紧密，树形优美；花大而美丽，花色金黄，花期7~10月；秋叶红艳，愈冷愈红，可作秋色叶栽培。

园林价值： 海滨木槿较耐水湿和盐碱，是滨海地区园林绿化的优良树种，可孤植、丛植作花灌木栽培，也可群植营造秋色叶景观。

PLANT
037

柽柳 *Tamarisk chinensis*

柽柳科 / 柽柳属

观赏特性: 枝叶细弱,树姿婆娑,树形野趣自然;花序硕大,细密蓬松;夏秋开花,花期较长。

园林价值: 耐干旱、耐水湿,也耐盐碱,是盐碱地绿化的优良树种,还可作防风固沙林栽培;园林中可植于水边观赏;也可栽培作篱垣。

PLANT
038

彩叶杞柳 *Salix integra*

杨柳科 / 柳属

观赏特性: 枝条细长,株形紧密;初生新叶白色带粉红,极为艳丽,后逐渐变绿,有
黄白斑相间,也具观赏价值。

园林价值: 喜光,耐水湿,可作为水湿地带护堤固岸防护树种;新叶艳丽,可作彩
叶植物成片布置于水边草地观赏,也可作修剪整形栽培。

PLANT 039 垂柳 *Salix babylonica*

杨柳科 / 柳属

观赏特性： 枝条纤细，柔弱下垂，随风飘动，颇为优美；新叶鹅黄，夏叶翠绿，秋叶金黄，冬季披挂满树细丝，四时可赏。

园林价值： 喜光，耐水湿，也耐干旱。园林中常植于水岸边，观赏其柔条拂水的优美景致。西湖岸边，一株桃花一株柳的配置最为经典。

锦绣杜鹃 *Rhododendron × pulchrum*　　　　杜鹃花科 / 杜鹃花属

观赏特性： 常绿灌木，枝叶繁密，植株整齐；花大色艳，开花整齐，盛花时花朵覆盖
　　　　　　叶面，极为壮观。花期4月。

园林价值： 喜酸性土，宜植于林缘或侧方蔽荫处。是晚春季节重要的花灌木，最宜
　　　　　　作花篱成片种植观赏，也可密植成丛或作为花境的骨架。

PLANT
041

柿树 *Diospyros kaki*

柿树科 / 柿树属

观赏特性: 落叶乔木,树形优美;叶片硕大,绿色有光泽,秋叶经霜变红,十分鲜艳;果实大,果色鲜艳,挂果期长,落叶后,嘉实累累,分外耀眼。

园林价值: 株形优美,可作庭荫树植于花坛或草坪中,果实为著名水果,是绿化结合生产的优良树种,适合风景区成片种植,营造出观叶、观果的壮丽景观。

海桐

PLANT
042

海桐 *Pittosporum tobira*

海桐科 / 海桐属

观赏特性: 常绿灌木或小乔木,枝叶茂密,叶浓绿有光泽,经冬不调;初夏开白色小
花,有香味;秋季果实开裂,露出红色种子,红绿相映,星星点点,也颇
为美观。

园林价值: 非常耐阴,可作其他大乔木的下木;枝叶繁密,耐修剪,可作基础栽培
植,也可修剪整形成绿篱、球形等造型。

PLANT 043

八仙花 *Cardiandra moellendorffii*

绣球花科 / 草绣球属

观赏特性: 落叶灌木，叶色浓绿，花序圆整，着生于枝端。花色艳丽，有多种花色，初夏时节，花团锦簇，非常壮观，花后果序也可观赏。

园林价值: 较耐阴，宜植于林缘、建筑北面或侧方蔽荫处；花大色艳，开花整齐、繁茂，可作花灌木植于花坛、林下或草坪边缘，也可作花篱植于道路两侧；还可盆栽观赏。

PLANT
044
桃 *Prunus persica*

蔷薇科 / 李属

观赏特性： 落叶小乔木，枝条开展，株形自然；花期3月，园艺品种花色较多，有白、红、粉等颜色，盛花时节，满树繁花，分外娇艳。

园林价值： 阳性树种，较耐旱。园林中多用园艺品种，开花繁茂，花相壮观，是春季重要花木；可孤植于花坛或庭院中观赏，也可丛植或列植于道路两侧；还可成片种植，形成桃花林景观。西湖周边一株桃树一株柳的种植为传统经典配植模式。

PLANT
045
垂丝海棠 *Malus halliana*

蔷薇科 / 苹果属

观赏特性： 落叶小乔木；花期4月，花粉红色，花梗细长，盛开时，满树繁花，花朵下垂，粉花在绿叶映衬下，分外娇艳。

园林价值： 为著名观花树种，可植于堂前屋后花坛观赏，也可丛植或列植于道路两侧，还可成片种植形成壮观的群体效果；传统园林中常与玉兰、牡丹组合，称为"玉棠富贵"。

PLANT
046

豆梨 *Pyrus calleryana*

蔷薇科 / 梨属

观赏特性: 落叶乔木,树体高大,株形规整;花期4月,花白色,开花时节,满树白花,极为壮观;秋叶红艳,为著名秋色叶树种。

园林价值: 冠大荫浓,可种植作庭荫树;树形规整,主干通直,可作行道树;也可群植于山岗坡地或水岸边,形成壮丽的观花景观。本种主产长江流域,耐病力强,常作为其他梨的砧木。

81

PLANT
047

沙梨 *Pyrus pyrifolia*

蔷薇科 / 梨属

观赏特性: 落叶乔木,树体高大,株形规整。作水果栽培时,常修剪成低分枝的自然开心形;花期4月,花白色,满树白花;果实硕大,果期9~10月,极具观赏价值。

园林价值: 本种为著名落叶果树,优良园艺品种较多,是园林结合生产的优良树种,尤其适合丘陵地带种植,可营造出"千树万树梨花开"的效果。

PLANT
048 **石楠** *Photinia serratifolia*

蔷薇科 / 石楠属

观赏特性： 常绿乔木，枝叶茂密，株形紧凑；花期4月，开花时节，满树白花覆盖树冠，十分壮观，但是气味较浓烈；10月果熟，果色红艳，红果绿叶分外醒目。

园林价值： 稍耐阴，耐干旱、贫瘠。是优良的园林绿化树种，冠大荫浓，可作庭荫树栽培，也可作观花、观果树种孤植于花坛、道路两侧或草坪中。具有较强的抗污能力，可作厂矿绿化或道路绿化。

PLANT 049 红叶石楠 *Photinia × fraseri*

蔷薇科 / 石楠属

观赏特性： 常绿大灌木，枝繁叶茂，株形紧密；新叶鲜红，有光泽，老叶浓绿色，为观赏鲜红新叶，可于入秋前进行修剪。

园林价值： 适应性强，耐修剪。园林中常观赏其鲜红的新叶，通常作绿篱配置道路两侧，也可作色块；还可修剪成球形或各种造型绿雕，植于花坛、道路两侧或草坪上观赏；也可作小乔木栽培。

PLANT
050

火棘 *Pyracantha fortuneana*

蔷薇科 / 火棘属

观赏特性: 常绿灌木,枝叶细密,常有刺;初夏时节白花覆满树冠;秋季红果累累,
压弯枝头,常经冬不凋。

园林价值: 枝叶细密,耐修剪,常作绿篱栽培;也可修剪成球形或各种造型绿雕,
植于花坛、道路两侧或草坪上观赏,孤植、列植、丛植皆可。

PLANT 051 海棠花 *Malus spectabilis*

蔷薇科 / 苹果属

观赏特性: 落叶灌木或小乔木，株形瘦峭；花叶同放，花期4月，花色粉红，粉花与新叶相衬，分外美丽、壮观。

园林价值: 是春季重要的花灌木，自古即为著名观赏花木，苏东坡曾写诗"常恐夜深花睡去，故烧高烛照红妆"。可植于堂前屋后、道路两侧或草坪中观赏，"玉堂春富贵"为传统的配植手法。

052
美人梅 *Prunus × blireana* 'Meiren'

蔷薇科 / 李属

观赏特性：落叶小乔木，枝叶繁密；花期3月，先花后叶，花色粉红，盛开时，满树
繁花；新叶紫红色，格外红艳，随季节转暗绿。

园林价值：耐寒性较强，南北皆可种植观赏。可作花灌木植于堂前、墙角、路边或
草坪中观赏，也可作为彩叶树种与其他植物配置。

PLANT
053

梅 *Armeniaca mume*

蔷薇科 / 李属

观赏特性: 落叶小乔木，小枝绿色，光滑细长；花期早，早花品种2月即盛开；园艺品种较多，花色多样、花型丰富；有直枝、垂枝和游龙不同品种；有甜香味；集花、色、枝、香观赏于一树。

园林价值: 为我国传统名花，寓意坚强不屈，自古称"松、竹、梅"为岁寒三友，"梅、兰、竹、菊"为四君子。可植于堂前、屋后、路边、草坪、水边观赏；也可与景石相配，也可点缀亭、台、楼、榭；或片植于川岗，形成香雪海的景观；还可造型，作盆栽观赏。

PLANT 054 李 *Prunus salicina*

蔷薇科 / 李属

观赏特性： 落叶乔木，树形开展；花期早，3月开花，花白色，较小，先花后叶，开花时满树白花，也较壮观；入夏，果实累累，也可供观赏。

园林价值： 李，自古即开始作为种植食用的佳果，是可观、可食的优良树种，常以"桃李芬芳"或"桃李满天下"赞誉教师门下成才的学生众多。可作为园林结合生产的树种加以利用，适合生态园作为采摘品种进行种植。

PLANT 055 东京樱花 *Prunus × yedoensis* 蔷薇科 / 李属

观赏特性: 落叶乔木,树形开展;花期3月,单瓣,初开时粉色,后变白,先花后叶,盛开时,满树繁花,极为壮观,凋谢时,落英缤纷,也极为美观。

园林价值: 日本樱花为春季重要的观花树种,先花后叶,花相壮观。孤植、丛植、群植、列植均可,可植于堂前、花坛、道路两侧、水岸边、草坪上观赏。

日本晚樱 *Prunus serrulata* var. *lannesiana*

蔷薇科 / 李属

观赏特性: 落叶乔木，小枝粗壮；花期4月，园艺品种较多，花色有粉、红、白、黄、绿等；花叶同放，盛开时，花团锦簇，花朵覆盖树冠，极为壮观；花重瓣，也可近赏。

园林价值: 日本晚樱为春季重要的观花树种。强阳性，宜植于阳光充足处，可植于花坛、道路、岸边和草坪上观赏；宜孤植、对植或列植。

枇杷 *Eriobotrya japonica*

蔷薇科 / 枇杷属

观赏特性： 常绿乔木，叶片硕大，树形开张，周年常绿；冬季开花，白色，有香味；初夏，鲜黄的果实挂满枝头，极为醒目。

园林价值： 枇杷为传统佳果，是一年当中最早上市的水果之一。可作为园林结合生产的树种，作为观光园的采摘品种，也可作为庭院树种，植于庭院中观赏。

喷雪花 *Spiraea thunbergii*　　　　　　　　蔷薇科 / 绣线菊属

观赏特性: 落叶灌木,枝条拱形细长;花期3月,花小,白色,盛开时,长长的细枝
上开满白花,极富线条美感。

园林价值: 本种开花繁茂,极为壮观,可作基础栽植,也可作列植于道路两侧作花
篱,还可成片配置于草坪观赏。花枝可作插花材料。

校园花木物语 上海应用技术大学植物图说

PLANT
059

贴梗海棠 *Chaenomeles speciosa*

蔷薇科 / 木瓜属

观赏特性： 落叶灌木，枝条开展，有刺；花期3~4月，花梗极短，白色、粉红到朱红色，极为艳丽；果实卵形至球形，灰绿色，熟时，黄绿色，有香味。

园林价值： 可孤植或丛植作观花、观果灌木栽培，也可盆栽观赏，还可作花篱或基础栽植，常配植于花坛、路边或草坪中观赏。

PLANT 060

紫叶李 *Prunus cerasifera*

蔷薇科 / 李属

观赏特性： 落叶乔木，枝条开展；花期3月，花较小，白色，常花叶同放，满树白花，新叶深紫红色，花叶相衬清丽雅致；花后长满红色果实，也具观赏价值。

园林价值： 可观花、观叶和观果，常作为彩叶植物进行栽培，可孤植或丛植于路侧、草坪观赏，还可与其他树种配置，形成叶色的对比。

郁李 *Cerasus japonica*

PLANT
061

蔷薇科 / 李属

观赏特性：落叶灌木，枝条细密；花期4月，花较小，粉白色，常花叶同放，开花繁密，满条白花；果深红色，也颇具观赏价值。

园林价值：可观花、观果，常作为花灌木孤植或丛植于道旁观赏，也可列植作为花篱，还可作为基础种植。果实可生食，具有食用价值。

加拿大紫荆 *Cercis canadensis*

豆科 / 紫荆属

观赏特性: 落叶乔木,枝条开展;叶广卵形,基部心形,甚美观;花期3月,粉红色,先花后叶,粉色小花密生于枝条上,老干上也有花,满树粉红,分外漂亮。

园林价值: 有紫叶'Forest Pansy'和金叶'Hearts of Gold'的品种,紫叶品种应用较多,常作彩叶、观花树种栽培,可孤植于小庭院观赏,也可丛植于草坪或道路绿化带中观赏。

PLANT
063

紫藤 *Wisteria sinensis*

豆科 / 紫藤属

观赏特性： 落叶大灌木，枝干旋转缠绕，古朴粗犷；花期4月中旬，花朵密生于成串
下垂的大型花序上，花色有白、蓝不同品种，常花叶同放；荚果长条形，
密生黄色柔毛，也可观赏。

园林价值： 紫藤为我国园林中传统观赏花木，常用于棚架绿化，春季可观花，夏季可
遮荫，还可与置石和假山配置。老紫藤，枝干虬曲，极富岁月苍桑感。

PLANT
064
龙爪槐 *Styphnolobium japonicum* 'Pendula'

豆科 / 槐树属

观赏特性: 为槐树的园艺品种,落叶小乔木,大枝扭转、交错,极具龙爪气势,小枝细
  　　　　长披散下垂,形如华盖,极为优美;花黄白色,也可观赏。
园林价值: 常作为垂枝小乔木栽培,观赏其飘洒株形,园林中常对植于堂前花坛,
  　　　　景墙门洞两侧,或列植于道路两侧,还可种植于水岸边观赏。

金枝槐 *Styphnolobium japonicum* 'Golden Stem'

豆科 / 槐树属

观赏特性： 落叶小乔木，为槐树的园艺品种，枝条金黄色，落叶后极为醒目，新叶黄绿色，后转浓绿，绿叶黄干相映成趣。

园林价值： 常作为观干树种栽培，可与其他种类配植，黄色的枝干在一片绿色中增加了一抹亮色；也可以单一品种群植于草坪或绿化带中，落叶后也极为壮观。

PLANT 066 **合欢** *Albizia julibrissin*

豆科 / 合欢属

观赏特性： 落叶乔木，树冠伞形开展，羽状复叶排列规整，颇为秀雅；花期6~7月，花丝粉红色，盛花时如缀满树红缨。

园林价值： 冠大荫浓，可孤植院中，作庭荫树；主干通直，喜光，耐寒，耐干旱瘠薄，也可作行道树；还可丛植于草坪或绿化带中观赏。

PLANT 067 **红花锦鸡儿** *Caragana rosea* 豆科 / 锦鸡儿属

观赏特性： 落叶灌木，枝条纤细，株形蓬松自然；4枚细长小叶排列成掌状，别致可爱；花期4月，初开时橙黄色，久之变紫红色，星星点点红色点缀于绿叶间。

园林价值： 喜光，耐旱，耐瘠薄。常作为花灌木植于园路一侧，枝干弯曲下垂，极富自然野趣；枝上有刺，也可列植，作为刺篱；也可与山石配植，还可植于林缘观赏。

PLANT
068

胡颓子 *Elaeagnus pungens*

胡颓子科 / 胡颓子属

观赏特性: 常绿灌木,枝叶浓密,株形紧凑;叶片上面油亮光滑,下面银灰色,密布黄色锈点;秋季开花,花小,有香气;果实长圆形,亮红色果皮布满灰白小点,点缀叶间,颇为醒目。

园林价值: 喜光,也耐半阴,耐干旱,也耐水湿。枝叶浓密,耐修剪,常修剪成球形栽培;也可不修剪,植于墙角、岩石旁或路侧绿化带中,欣赏其自然株形。园艺品种较多,有'金边''银边''金心'等品种。

紫薇 *Lagerstroemia indica*

千屈菜科 / 紫薇属

观赏特性：落叶乔木，常作灌木栽培；花期极长，7~9月花开不断，号称"百日红"，花色丰富，有红、白、粉等颜色，开花极繁茂；树皮光滑，常有橙红与绿色斑块交错，极富观赏情趣；秋叶遇霜变红，叶色极鲜艳。

园林价值：喜光，耐寒，花期极长。园林中常作观花、观干小乔木树种栽培，可孤植于花坛或小庭院；也可列植路侧绿化带中，或成片种植于草坪上观赏。

PLANT 070 **菲油果** *Feijoa sellowiana*　　　　　　　　桃金娘科 / 菲油果属

观赏特性: 常绿灌木,枝叶浓密;叶片上面翠绿色,下面灰白色;花期5~6月,花丝红
色,花瓣上面紫红色,背面灰白色,点缀叶间,极为醒目;果实长圆形或倒
卵形,可食用。

园林价值: 菲油果为著名外来果树,喜光,不耐寒。园林中可作常绿观花、观果灌
木栽培,非常适合小庭院栽培观赏,是观赏兼顾食用的优良种类,非常
适合家庭园艺。

红千层 *Callistemon rigidus*

桃金娘科 / 红千层属

观赏特性： 常绿灌木，枝叶细密，株形披散，有芳香味；花期5~6月，花色鲜红，花形奇特，又称"瓶刷子花"，如无数红色瓶刷缀满枝头。

园林价值： 不耐寒，常作花灌木植于建筑前、路侧绿化带中或草坪中观赏，叶有香味，可提炼芳香精油。

PLANT
072

石榴 *Punica granatum*

石榴科 / 石榴属

观赏特性: 落叶灌木或小乔木,枝叶细密,株形优美;花期5~6月,花色鲜红,点缀叶间非常醒目;果形奇特,果色鲜艳,如一只只小花瓶挂满枝头,非常可爱。

园林价值: 石榴为传统水果,常植于庭院中观赏,是观赏与食用结合的优良树种;石榴果熟时,常开裂,子粒较多,民间向来有多子多福的寓意。石榴有果用品种和观赏品种之分,观赏品种可孤植观赏,也可丛植或群植观赏。

073 喜树 *Camptotheca acuminata*

蓝果树科 / 喜树属

观赏特性: 落叶乔木，主干笔直，树冠瘦峭，树姿优美；叶片硕大，叶柄和背脉红色；花期5~7月，淡绿色，花序圆球形，花后生出圆球状果实，犹如葵花子积攒而成。

园林价值: 喜光，不耐干旱，在酸性、中性和微碱性土上均能生长。树体高大，常作行道树栽培，也可作庭荫树植于庭院中观赏。

PLANT 074 **洒金珊瑚** *Aucuba japonica* var. *variegata* 山茱萸科 / 桃叶珊瑚属

观赏特性: 常绿灌木,枝繁叶茂,叶片较大,光滑而有光泽,叶面布满黄色斑点;
花期3~4月,较小,紫红色;果球形,鲜红色,红绿相映,极醒目。

园林价值: 较耐阴,可用作林下灌木;常作为彩叶树种栽培观赏,可用作基础栽植
或绿篱,还可群植于草坪或林缘观赏;也可作室内盆栽观赏。

PLANT
075

金边黄杨

Euonymus japonicus 'Aureo-marginatus'

卫矛科 / 卫矛属

观赏特性：常绿灌木或小乔木，枝繁叶茂，树冠紧密；叶片光滑油亮，边缘有黄色镶边；果实红色，假种皮红色，极醒目。

园林价值：喜光，也耐阴。耐修剪能力强，常作为彩叶树种栽培，可用作基础栽植或绿篱，还可修剪成各种造型。

076 龟甲冬青 *Ilex crenata* var. *convexa*

冬青科 / 冬青属

观赏特性： 常绿灌木，植株矮小，枝叶细密，叶色浓绿，光滑油亮；花小，白色；果
实球形，黑色。

园林价值： 植株低矮，枝叶紧密，常用作木本地被成片种植，也可用作盆景材料。

PLANT 077

枸骨 *Ilex cornuta*

冬青科 / 冬青属

观赏特性： 常绿灌木或小乔木，枝叶繁茂，叶色浓绿而有光泽，叶边具硬刺齿；花小，黄绿色；果实球形、鲜红色，密布枝头，经冬不凋。

园林价值： 常修剪成球形，孤植于花坛中观赏，也可丛植或列植于路边、草坪中。

黄杨 *Buxus sinica*

黄杨科 / 黄杨属

观赏特性： 常绿灌木或小乔木，枝叶细密，叶色浓绿而有光泽，四季常青，叶片卵形或倒卵形，先端常微凹，外形工整细致。

园林价值： 较耐阴，生长较慢，耐修剪，可作绿篱或镶边材料栽培，也可常修剪成球形或其他绿雕造型，植于花坛或草坪中观赏；还可作盆景材料。

PLANT
079

乌桕 *Triadica sebifera*

大戟科 / 乌桕属

观赏特性: 落叶乔木，枝叶细密，树冠整齐，树形优美；叶形秀雅，秋叶红艳，为南方著名彩叶树种；落叶后，果实开裂，露出白色种子，满树星星点点，也颇有情趣。

园林价值: 喜光，耐水湿，最宜植于湖边近水坡地观赏，深秋季节，满树红叶倒影水中，颇为壮观，也可作庭荫树，植于庭院或草坪中观赏，还可作为行道树栽培。

PLANT
080

山麻杆 *Alchornea davidii*

大戟科 / 山麻杆属

观赏特性: 落叶灌木,枝干丛生,细长笔直;早春新叶紫红色,极为醒目,为著名春色叶树种,叶圆形或广卵形,基部心形,颇为秀雅。

园林价值: 常植于庭院中观赏,也可植静水岸边,早春3月,红色树丛倒映水中,光影交错,真假难辨;还可植于道旁、草坪上或林缘,营造壮观的春色叶效果。

黄山栾树

Koelreuteria bipinnata 'Integrifoliola'

无患子科 / 栾树属

观赏特性: 落叶乔木,树干通直,树体高大,树冠开展;花期6~7月,开金黄色花,开花时节,满树金黄,花后果实也甚美丽。

园林价值: 喜光,耐寒,耐旱,也耐低湿和盐碱,是城乡绿化的优良树种;枝叶繁茂,冠大荫浓,可作庭荫树;主干通直,分枝高度足够,常作行道树。

PLANT
082
无患子 *Sapindus saponaria*

无患子科 / 无患子属

观赏特性： 落叶乔木，主干通直，树冠宽广，树形优美；秋叶金黄，满树黄叶，极为
壮观。

园林价值： 树体高大，树冠开展，枝繁叶茂，常作庭荫树植于花坛或广场；也可孤
植于道路两侧或草坪中观赏，还可列植作行道树；果实可制肥皂。

PLANT 083 鸡爪槭 *Acer palmatum*

槭树科 / 槭树属

观赏特性： 落叶灌木或小乔木，枝叶纤细，树姿优美；叶掌状5~7裂，叶色淡雅，叶形秀丽；春叶黄绿，秋叶紫红，为著名秋色叶树种。

园林价值： 喜光，不耐暴晒。常作为秋色叶树种栽培观赏，为防叶灼，宜植于林缘或侧方蔽荫处，或厅堂前入口侧，也可配置于水岸边观赏。

PLANT
084
红枫 *Acer palmatum* 'Atropurpureum'

槭树科 / 槭树属

观赏特性： 落叶灌木或小乔木，树形优美，小枝细长光滑，常紫红色；叶片掌状，小
巧别致，常年保持红色或紫红色。

园林价值： 本种为鸡爪槭的园艺品种，树体较小，常作春色叶树种栽培，可植于花
坛中观赏，也可列植于道路绿化带中，还可作为花境的骨架树种。

复叶槭 *Acer negundo*

PLANT 085

槭树科 / 槭树属

观赏特性： 落叶乔木，小枝光滑，常被白粉，干直冠大，树形优美；大型羽状复叶，排列整齐，园艺品种较多，叶色多变，有金叶、银边、金边、粉叶等品种。

园林价值： 喜光，耐寒，耐轻度盐碱，冷凉地区可作防护林树种。常作庭荫树植于园中，也可孤植于草坪或绿化带中观赏，还可作行道树。树液含糖分，东北地区又称"糖槭"。

PLANT
086 **苦楝** *Melia azedarach*

楝科 / 楝属

观赏特性： 落叶乔木，主干通直，树皮光滑，树冠开展，树姿自然；羽状复叶，小叶匀
称，排列整齐，叶色浓绿；花序硕大，花色蓝紫，开花繁茂，密布树冠。

园林价值： 适应性强，不择土壤，生长快，可作速生用材和四旁绿化树种；主干通
直，冠大荫浓，可作庭荫树和行道树；抗污能力强，可作厂矿绿化；树
皮、叶和果可制农药。

PLANT 087 黄栌 *Cotinus coggygria* var. *cinerea*

漆树科 / 黄栌属

观赏特性： 落叶灌木或小乔木，枝叶茂密，树形开展自然；叶形秀雅，春叶能黄，秋叶紫红，为著名秋色叶树种；花序硕大，轻盈如烟，又称"烟树"。

园林价值： 秋叶经霜后十分鲜艳，常配置于风景区，作为观秋色的树种，著名的观赏点有北京香山、济南红叶谷。同属园艺品种有美国红栌'Royal Purple'、金叶黄栌'Golden Spirit'等。

黄连木 *Pistacia chinensis*

漆树科 / 黄连木属

观赏特性: 落叶乔木,枝叶茂密,树形优美;树皮开裂,成小方块状,富有特色;秋叶
橙红,深秋时节,满树红叶,极为鲜艳。

园林价值: 喜光,耐干旱、瘠薄,深根性,可用于风景区营造彩叶风景林;冠大荫
浓,可植于庭院、广场或草坪中作庭荫树;主干直,抗污能力强,可作
行道树。

柚 *Citrus maxima*

芸香科 / 柑橘属

观赏特性: 常绿乔木，枝叶浓密，树冠紧密，树形优美，四季常青；叶形独特，由一大一小两片小叶组成，颇为有趣；花期5月，白色，极为芳香；园艺品种较多，果实球形或文旦形，深秋时节，满树挂满金色果实。

园林价值: 本种为南方著名水果，品种较多，常作果树栽培，是生产结合园林的优良种类；园林中可植于庭院作庭荫树，也可列植道路两侧草坪中观赏。

PLANT
090

胡椒木 *Zanthoxylum bungeanum*

芸香科 / 花椒属

观赏特性: 常绿灌木,枝叶细密,植株低矮,树冠紧凑,四季常青;叶片细小,叶色光滑油亮,叶面有黄绿小点;全株有浓烈香味。花单性异株,雄花黄色,雌花橙红。

园林价值: 枝叶细密,四季长绿,可作绿篱或基础栽植,还可修剪成球形,植于花坛或花园中观赏,也可作盆栽观赏。

PLANT 091 桂花 *Osmanthus fragrans*

木樨科 / 木樨属

观赏特性: 常绿乔木,枝叶浓稠,叶色暗绿,树冠紧凑,株形优美,四季常青;园艺品种较多,花色多样,有金桂 *Osmanthus fragrans* var. *thunbergii*、丹桂 'Aarantiacus'、银桂 'Latifolius'、四季桂 *Osmanthus fragrans* var. *semperflorens* 等,香型独特,金秋时节,香飘数里。

园林价值: 为我国传统名花,是中秋观花的佳品,常对植于堂前,称"双桂当庭",也可孤植花坛观赏,或列植干道路两侧、草坪边缘,还可群植于山坡、小岗。

PLANT
092 女贞 *Ligustrum lucidum*

木樨科 / 女贞属

观赏特性：常绿乔木，树冠紧凑，株形优美，四季常青；花期6月，花序硕大，开花时节，满树白花，覆盖树冠，香味浓烈；果实蓝黑色，也颇美观。有园艺品种'Aureo-variegatum'，叶缘为橙黄色。

园林价值：喜光，稍耐阴，适应性强，可耐轻度盐碱，耐寒，北京可露地栽培；园林中可植于庭院中作庭荫树，也可列植于道路两侧或绿化带中作行道树。果实可入药。

PLANT 093 小蜡 *Ligustrum sinense*

木樨科 / 女贞属

观赏特性: 半常绿灌木或小乔木，枝叶细密，叶色翠绿；花期5月，花白色，有香味。
有园艺品种银姬小蜡 'Variegatum'，小叶灰绿色，叶片有乳黄色白边。

园林价值: 枝叶细密，耐修剪，常修剪成球形或各种绿雕，也可作绿篱或基础种植。

PLANT
094
日本女贞 *Ligustrum japonicum*

木樨科 / 女贞属

观赏特性: 常绿灌木,枝叶稠密;新叶黄绿,老叶浓绿,叶面光滑、油亮;花期7~9月,花白色。常用的园艺品种有银霜女贞'Jack Frost',叶面有乳黄色斑块,金森女贞*Ligustrum japonicum* var. *Howardii*,新叶金黄绿色。

园林价值: 园林中常用的是其园艺品,观赏其彩叶效果,枝叶稠密,长势强健,耐修剪,常修剪成球形观赏,也可作绿篱或基础栽植。

PLANT
095

栀子花 *Gardenia jasminoides*

茜草科 / 栀子属

观赏特性: 常绿灌木,枝叶扶疏,株形自然优雅;叶革质,有光泽,花期6~7月,白色,芳香,花形美观;果实宝瓶状,熟时橙红色,极为醒目。常用园艺品种有玉荷花'Fortuneana',花大、重瓣,雀舌栀子'Prostrata',花叶细密,花重瓣。

园林价值: 著名的芳香花卉,园林中常孤植于花坛或墙角观赏,也可配置于路边或假山旁,大花品种可栽培用作花篱,小花重瓣品种可盆栽。果实是传统药材。

PLANT
096 ## 接骨木 *Sambucus williamsii*

忍冬科 / 接骨木属

观赏特性： 落叶灌木或小乔木，枝叶茂密，株形优美；花期4~5月，花大、白色，开花时，满树白花，极为淡雅；果实红色，7~9月红果累累。

园林价值： 常作为观花灌木栽培，可植于路边或墙角，也可丛植于林缘或绿化带中。枝、叶、根皆可入药，为传统药材。

131

PLANT
097

金银花 *Lonicera japonica*

忍冬科 / 忍冬属

观赏特性: 半常绿木质藤本,枝叶清秀;花期5~7月,初开时白色,后变黄,黄白相映,清新淡雅,具芳香。

园林价值: 常作为垂直绿化材料,也可用于棚架、篱笆或墙垣绿化。花为著名中药材,是园林结合生产的优良种类。

大花六道木 *Abelia × grandflora*

忍冬科 / 糯米条属

观赏特性: 半常绿灌木,枝叶细密,叶面光滑,株形披散;7月开始,开花不断,花白色,花形美观。常用的园艺品种有金叶大花六道木 'Aurea',新叶金黄色,后稍变绿。

园林价值: 稍耐阴,耐寒、耐旱,常作花灌木栽培,可植于庭院、路边、墙角、假山或林缘观赏,也常作为色块或绿篱。

PLANT 099 珊瑚树 *Viburnum odoratissimum*

忍冬科 / 荚蒾属

观赏特性： 常绿乔木，枝繁叶茂，叶面光滑，有光泽；花期5~6月，开花繁茂，花白色；果期7~9月，熟时红果累累，后变黑。

园林价值： 喜光，稍耐阴，适应性强，常作高树篱栽培；对烟尘和二氧化硫等有较强抗性，可作厂矿绿化，还可以作为防火树种。

PLANT
100

木本绣球 *Viburnum macrocephalum*

忍冬科 / 荚蒾属

观赏特性: 落叶灌木,枝叶扶疏,树姿自然开展;花期4~5月,花序硕大,形如绣球,
故名"木绣球",初开时绿色,后变白色,满树繁花,花团锦簇。另有著名
栽培变型扬州琼花 *Viburnum macrocephalum* f. *keteleeri*,花序伞房状,
边缘为白色不孕花,犹如无数白色蝴蝶。

园林价值: 喜光,稍耐阴,常植于堂前花坛中、高墙下观赏,也可植于道路两侧,
营造繁花夹道的效果;还可植于水池边、林缘和草坪观赏。

PLANT 101 棕榈 *Trachycarpus fortunei*

棕榈科 / 棕榈属

观赏特性: 常绿乔木,树干笔直,大型掌状叶集生干端,极富热带风情;春夏之交,鲜黄的大型肉质花序自叶丛生出,颇为醒目;花后蓝紫色果实也颇美观。

园林价值: 较耐阴,耐水湿,可植于草坪或道旁观赏,最宜与凤尾兰配置,尽显热带风光。棕皮常用于制作绳索和蓑衣。

PLANT
102

布迪椰子 *Butia capitata*

棕榈科 / 果冻椰子属

观赏特性: 常绿乔木，树干笔直、粗壮，大型羽状叶，弯曲成弧形，满树银灰，颇为秀雅。大型佛焰花序长达 1.5m，极为壮观；花后圆球形小果黄绿相间，也富有观赏性。

园林价值: 常孤植于花坛或草坪中观赏，最宜列植于规则式道路两侧或广场边，尽显其优美树形。

高节竹 *Phyllostachys prominens*

禾本科 / 刚竹属

观赏特性： 秆身修长，秆色苍翠，如碧玉，秆环强烈隆起，明显高于箨环，竹叶婆娑，
四季常青；笋期5月。

园林价值： 竹为在我国传统文化中有独特的位置，有"宁可食无肉，不可居无竹"
之说，古人常颂扬其"未出土时先有节，纵凌云处仍虚心"的品性以自
勉。常植于堂前屋后观赏，园林中有移竹当窗的配植方法。

PLANT 104

金镶玉竹　*Phyllostachys aureosulcata* 'Spectabilis' 禾本科 / 刚竹属

观赏特性： 老杆金黄色，间有绿色纵条纹，新杆色彩更为清新亮丽，竹笋细长，箨叶
色彩丰富，箨叶上间有粉、黄、绿色；笋期4~5月。

园林价值： 本种为著名观赏竹，可配植于屋后、墙角、路边或假山旁；最宜与山石
配置，尽显刚柔之美。

校 园

FLOWERS AND WOODS IN SIT

花木物语

上海应用技术大学植物图说

第四章　PART 4

草木关情

校园因植物而四季景异，学习因植物而不再枯燥，生活因植物而富有情趣。走近校园植物，去观察，去欣赏，去发掘藏在你身边的美。

漫步在校园之中
你是否留意过身边的植物美景
当看到它们的时候，你的内心会有什么感触？

接下来，就让我们一起感受上海应用技术大学师生对校园植物的
草木情怀吧！

教师篇

满园春色关不住

20210322 摄于上海应用技术大学植物园　张志国

虽由人造，宛若天成

20170607 摄于上海应用技术大学植物园　张志国

仰望天空
20180504 摄于上海应用技术大学植物园　赵杨

小满时节，野花精灵们悄然而至；520，来一场初
夏的约会
20180520 摄于上海应用技术大学第三食堂东侧 赵杨

20210322 摄于上海应用技术大学第四学科楼前　曹扬

争艳，五科的海棠、四科的梨桃，上应大最美花廊

忽如一夜春风来，千树万树梨花开

20210322 摄于上海应用技术大学桃李园　邢敏

春回大地，万象更新，又是一年芳草绿

20210329 摄于上海应用技术大学植物园　吴金枝

20200509 摄于上海应用技术大学植物园　丁晓彤

20210223 摄于上海应用技术大学火车头广场　王宏伟

20080420 摄于上海应用技术大学植物园　赵庆文

20181224 摄于上海应用技术第三食堂楼前　甘苹

上樱知春 2021 年 5 月　摄于上海应用技术大学植物园　李法云

20210102 摄于上海应用技术大学第一教学楼旁　宋丽莉

20210322 摄于上海应用技术大学滴水海湾广场　郑玉玲

201904 摄于上海应用技术大学图书馆旁　刘杨　　　　　20200507 摄于上海应用技术大学植物园　王铖

20210322 摄于上海应用技术大学植物园　倪迪安

20200415 摄于上海应用技术大学植物园　高文杰

20200407 摄于上海应用技术大学玻璃温室　孟庆然

20210318 摄于上海应用技术大学植物园　邹维娜

20210326 摄于上海应用技术大学植物园　许瑾

20210329 摄于上海应用技术大学桃李园　张妤萍

学生篇

人间至味，不过春花秋月，夏蝉冬雪

20200131 摄于上海应用技术大学第一教学楼   王冰

林木高茂，略尽冬春

20200131 摄于上海应用技术大学第五学科楼旁   沈裕颖

为什么喜欢冬天呢？因为你再难过，
但当阳光照到身上的时候，就会觉得，
一切好像并没有那么糟糕

20210329 摄于上海应用技术大学温室   蔡亦玘

海棠花绚烂的身姿并不会因为暗夜而悄然失色
20200131 摄于上海应用技术大学植物园　张千雨

20201010 摄于上海应用技术大学植物园　靳腾

20201009 摄于上海应用技术大学体育馆前　金叶芷

20210322 摄于上海应用技术大学植物园　严佳莹

20210329 摄于上海应用技术大学植物园　石天力

20210305 摄于上海应用技术大学植物园　梁政锦

20190623 摄于上海应用技术大学第二教学楼旁　修宏毅

2019030 摄于上海应用技术大学植物园　史小雨　　　　202009 摄于上海应用技术大学植物园花吧　　杨子龙

20210325 摄于上海应用技术大学综合实验楼旁　伏杨

20210329 摄于上海应用技术大学第五学科楼旁　黄青清

20210224 摄于上海应用技术大学图书馆旁　赵铎雯

20210322 摄于上海应用技术大学第五学科楼旁　贺磊

20210116 摄于上海应用技术大学保卫处旁　唐紫琪

20210319 摄于上海应用技术大学先贤语迹　张悦

20160828 摄于上海应用技术大学植物园　杜悦

20191028 摄于上海应用技术大学植物园　俞周和懿

20201028 摄于上海应用技术大学第一教学楼旁　陆伟轩

20210325 摄于上海应用技术大学综合实验楼旁　伏杨

20201118 摄于上海应用技术大学滴水海湾广场　王淇　　202011 摄于上海应用技术大学图书馆旁　李强

20191215 摄于上海应用技术大学植物园　陆思宇　　20190325 摄于上海应用技术大学植物园　诸铮

20190606 摄于上海应用技术大学植物园　许晋豪

20170921 摄于上海应用技术大学植物园　李勇

202010 摄于上海应用技术大学第三教学楼旁　金心嫣

20201023 摄于上海应用技术大学滴水海湾广场　陈琛

20210325 摄于上海应用技术大学植物园　王羲

202010 摄于上海应用技术大学第四学科楼旁　潘忻宇

202012 摄于上海应用技术大学植物园　黄洁

20190703 摄于上海应用技术大学植物园
罗瑞莉

校园

FLOWERS AND WOODS IN SIT

花木物语

上海应用技术大学植物图说

第五章 PART 5

乐享课植

校园因植物而四季景异，学习因植物而不再枯燥，生活因植物而富有情趣。走近校园植物，去观察，去欣赏，去发掘藏在你身边的美。

萱草文化节

萱草及其历史

2000年出版的 *Flora of China*（《中国植物志》）记载全球萱草属约15种，我国产11种，是世界上萱草原始品种最多的国家，也是萱草属植物的发源地。

萱草"蕙洁兰芳"，观为名花，食为佳肴，用为良药，应用价值很高，蕴含着深厚的文化内涵，从先秦开始被称为"忘忧草"，大约在三国时期，又称为"宜男草"，而唐朝以后，萱草在民间种植已十分普遍，南北各地均有，并且又多了一个"母亲花"的称呼，在我国的栽培已有3000多年历史。

多年来，上海应用技术大学致力于萱草文化挖掘、种质资源收集、杂交育种及其景观应用推广，是国内培育萱草品种最多的地方。基于该校萱草新品种科研团队二十余年来的科研成果和推广应用经验，目前拥有中国最丰富的萱草种质资源，已收集保存各类萱草种质1000余份，萱草新株系数万个，每年生产杂交后代1万~3万株，几乎囊括了现代萱草所有类型，资源多样性突出。

盛开的萱草

萱草的文化含义

　　萱草，自古以来就是母亲之花、慈爱之花。"在中国传统文化中，萱草是慈母的象征，成为文人墨客所咏颂的主题，唐宋时期尤为鼎盛。"近代以来萱草母亲意象的式微，与中国传统孝道文化的失落密切相关。最早文字记载见于《诗经·卫风·伯兮》："焉得谖草，言树之背"。"谖草"即指萱草。朱熹注曰："谖草，令人忘忧；背，北堂也。"北堂，即为母亲所居。唐代诗人《游子行》"萱草生堂阶，游子行天涯。慈母依堂门，不见萱草花。"首次将萱草与母亲联系起来，至有宋一代，开始出现了大量"种萱孝母"和"种萱祝寿"的诗词。不仅诗歌如此，古代绘画作品中，这样的主题也很常见，比如明代画家陈淳绘《萱草寿石图》并题诗"幽花倚石开，花好石亦秀。为沾雨露深，颜色晚逾茂。愿母如花石，同好复同寿。"为自己的母亲祝寿。

　　有"中国萱草大王"之称的上海应用技术大学教授、上海高校智库"美丽中国与生态研究院"首席专家张志国领衔的萱草育种团队，自1999年以来，就致力于萱草文化挖掘、种质资源收集、杂交育种及其景观应用推广，累计创制新种质1000余份，已在国际登录机构登录21个新品种，国内新品种认证30余个，包括小花品种"Baby"系列和大花品种"荷花"系列，并在极早花及大花、常绿新品种选育方向获得突破。

　　在科研开发方面，科研团队利用生理结合分子生物学手段筛选了一批耐旱、耐盐、耐涝和常绿萱草种质，鉴定了多个关键基因功能，并通过研发花粉管通道转基因技术，获得多个转基因萱草株系，开发了萱草饮料、萱草酒、萱草面膜等系列萱草衍生产品，具有抗抑郁功效的萱草茶已经上市。

萱草文化节

上海应用技术大学充分利用学科特色优势，将萱草文化与中华优秀传统文化的传播有机结合，将萱草文化融入校内"立德树人"教育教学，纳入学校"三全育人"的体系、嵌入教学实践、教育科研体系，不断挖掘和丰富萱草的文化内涵。

观众在上海应用技术大学奉贤校区参观萱草展览

少先队员在现场拍照留影

每年6月通过举办萱草文化节系列活动，与学校已连续举办11届的中华母亲节相结合，把萱草文化建设与复兴中华孝道文化、与家国情怀紧密联系，弘扬中华孝文化精华，赋予孝文化以时代内容，成为传统萱草文化振兴的重要抓手，围绕传承孝道、感恩母爱，开展了一系列毕业季感念师恩、感恩母校、报恩父母、报效祖国等校内外活动。

每年的"萱草文化节"为期一个月，采用了线上线下结合的方式。该活动以缤纷的萱草花艺、优雅的萱草盆栽、精美的萱草摄影作品综合展现萱草之美，以图文并茂的展板、展架呈现萱草所代表的慈母、忘忧、宜男等深厚文化底蕴和园林造景、生态修复、服务乡村振兴等方面的广阔应用前景，传递中华母亲花的蕴含的优秀传统文化。

并在此基础上进一步辐射到广大社区、园区、楼宇等。萱草文化展示进社区、进楼宇等系列活动旨在弘扬"小孝尊老、中孝敬业、大孝报国"的感恩文化，激活全社会的传统美德基因和爱国情怀，凸显了该校的育人特色，展现了该校学科建设、人才培养、科学研究和思政教育融合发展的成果。

在闵行区江川路街道红园美术馆，开展萱草文化节社区专题展览——江川社区专题展。现场向社区居民、工作人员和少先队员等展示了该校收集和培育的近百种萱草品种和萱草所代表的深厚传统文化。上海市闵行区汽轮科技实验小学的少先队员驻足在齐腰高的展台前，在欣赏萱草不同花色品种的娇姿靓影的同时，切身感受萱草的独特文化特征和深厚的孝道文化内涵。

千姿百态的萱草花朵各展娇姿

在上海市政府机关办公楼市政大厦举办的"2020中国上海萱草文化节"走进楼宇专题展示——"赏萱草之美，感萱堂之恩，颂中华之情"特展现场，匠心独运的创意和巧妙的构思制作的萱草主题花艺作品，与展台上千姿百态、五彩缤纷的萱草花朵交相辉映，向现场观众呈现了精彩而高雅的萱草花艺风情。而萱草小花篮制作活动现场，参与踊跃、气氛活跃，增强了人们对萱草之美的感知和对萱草文化的理解，受到相关委、办、局工作人员的广泛关注和好评。

色彩的花园 营建节

　　上海应用技术大学生态技术与工程学院将课堂融合进劳动教育，从规划设计到动手实践劳动，在专业老师们的指导下，风景园林以及园林专业的同学们历时十几周的设计与营建，建造出了自己心中的、具有时代特色的中国花园，为全校师生呈现出一个个精彩的营建作品。

一日看尽长安花

　　响彻云霄的声韵在史河中缓流，大唐盛世的笙歌余音舒绕。摈去生活的忙乱，我们何时走出大厦横流，寻找文化之源？大唐与中华文化应在当代人心中永存，愿梦回一日，看尽长安花。

　　设计以"水"为界，以观灯、舞狮、赏花等元素，打造唐蕴古意下的"新时代'五感'中国花园"。植物配置以三角梅、北美冬青、松红梅、肾蕨、乒乓菊、美女樱、蟹爪兰、铜钱草、散尾葵、非洲菊、西洋杜鹃、海棠花、月季为主。

一日看尽长安花

弈园

围棋，又名"弈"。它是古老的又是年轻的，是中国的也是世界的。无论科技进步到哪一个层面，人类文明的精神、围棋的精神永远值得我们敬仰和尊敬。愿您从这小小的弈园中，体会"棋如人生，棋中妙味，棋中雅趣"。

植物配置以乒乓菊、银叶菊、彩叶草、散尾葵、姬小菊、茶梅、三角梅、花叶薄荷、虎皮兰、葱兰、木贼、仙客来、欧石竹为主。

弈园

屋里乡

石库门是上海独具特色的里弄住宅，如今已成为上海市民心中城市文化的象征。

设计寄希望于用这一幕小小的浓缩景观，唤起每一个上海小囡骨子深处的记忆，也希望在多元文化交织下的通融、顺变、现代化同样能够让异乡人产生文化认同。植物配置以金边胡颓子、万年青、玛格丽特、矾根、金边吊兰、常春藤、月季、乒乓菊、君子兰、美人蕉、铜钱草、文竹、棕竹为主。

屋里乡

竹韵园

竹韵园

基于竹文化，用大量竹制小品做主景，加上色彩丰富的植物配置，富有变化的铺装，高低错落的空间设计，温馨可爱的纸模熊猫，素雅中不乏趣味，是竹韵园更是竹趣园！

植物配置以雏菊、乒乓菊、肾蕨、金边虎尾兰、花叶芦竹、龙血树、散尾葵等为主。

荷塘月色

主题选用朱自清先生的《荷塘月色》，并营造"小院夜深凉似水，一池明月浸荷花"的清雅氛围。

底部铺装利用枯山水造园手法展现水的形态，小品利用简洁的线条营造船体形态但又不是写实，使前景铺装和小品产生历史与未来遥远的呼应。

植物配置以散尾葵、墨西哥鼠尾草、雏菊、姬小菊、乒乓菊、桔梗、角堇、蓝雪花、玉簪为主。

荷塘月色

染尽铅华

染尽铅华

　　小组灵感来源于中国云南扎染，石子路延伸至木架处，地面元素展现浓厚历史感。左侧空间悬挂纵向扎染丝带起到遮挡作用的同时也展现历史的传承。方寸之间饱含浓重历史，穿梭古今，起源自民族，立足于中国，落脚在世界。

　　植物配置以乒乓菊、酢浆草、龟背竹、文竹、茶梅、茶花、铜钱草、银边草、大丽花、兰花、花叶常春藤、常春藤为主。

玉门春风

　　随着一带一路的提出，玉门不再令春风却步，它将国与国紧紧联结在一起。如同沙漠中的绿洲，充满了生机活力与无限可能。玉门春风以沙漠绿洲的形式展现了新疆甘肃地区的自然风貌，也代表着丝绸之路上的新发展新变化。

　　植物配置以乒乓菊、万寿菊、小雏菊、一品红、天门冬、矾根 、银叶菊、万寿花、蓝羊茅、角瑾、芦荟、虎皮兰、仙人掌、仙人柱等为主。

玉门春风

跋

Postscript

　　中国的园林教育飞速发展，2011年国务院学位委员会、教育部在《学位授予和人才培养学科目录（2011年）》中，将风景园林正式定为110个一级学科之一，列在工学门类。风景园林行业从国家层面得到了充分正视和认可，风景园林的教育事业也受到充分重视，走向社会发展的主渠道。

　　与建筑、城市规划学科相比，风景园林学科与生态学的关系更紧密。广义的生态学定义是研究生物体与其周围环境（包括非生物环境和生物环境）相互关系的科学。在风景园林的生态规划中，园林植物是规划设计的核心。生态化的园林植物设计，就是应用"生物与其环境之间的相互关系"，科学、合理地配置出符合现代人居生态设计理念的园林植物景观，从而实现人与自然、社会的可持续协调发展。

　　植物在城市中发挥着固碳释氧、防风固沙、遮阳蔽荫、减尘降噪、调节气候、涵养水源等生态功能；不同物种形态各异、千变万化，既可以孤植展示姿态、色彩和风韵的个体之美，又能按照一定的构图方式配置、表现植物的群体美；园林植物形成了不同的景观特色和风貌，春华秋实，季相更替，通过大小、外形、色彩、质地和芳香营造意境，使人们身心获得重返自然的感受，缓冲人工构筑物的僵硬感，调节视觉疲劳，从而带来综合感官的愉悦；引入植物的园林设计，能够丰富、优化交往空间，激活环境生机，触发立地、城市、区域和国土的活力。

　　上海应用技术大学办学肇始于1954年，是中国最早以"应用技术"命名的上海市重点建设高水平应用创新型大学。学校现有两个校区，占地面积约1500亩，主体（奉贤校区）于2010年正式启用，坐落在上海市奉贤区杭州湾畔。10多年来，经过师生共同参与建设和多次提升，校园景观环境优美，花木缤纷多彩、种类繁多、错落有致，并已形成独特的校园植物景观分区特色，是师生学习、工作的花园，也是闲暇时阅读花木、感悟自然的场所。本书引用的照片、设计图纸和教学成果的展示内容中还有许多教师和同学参与，如张志国、李法云、曹扬、王占勇、邹维娜、吴威、刘静怡、李小双、尹定忠等教师；参与的学生有张世杰、卞舒欣、周莹、沈倩、宁静、张晓天、黄诗婕、任鹤翔、金叶芷等，在此一并致谢。

　　本书作为上海应用技术大学本科生校园植物认知和实习手册，充分体现了我校生态技术与工程学院植物教育和研究见长的学科专业特色，得到上海市应用本科试点专业建设（风景园林）、教育部新农科研究与改革实践项目、上海市新农科研究与改革实践项目、上海市高校本科重点教改项目和上海市中本贯通高水平建设项目（风景园林）等支持，在此深表感谢。

　　本书编辑仓促，引录之处难免错漏，恳请大家提出宝贵意见。

著者
2022年7月

图书在版编目（CIP）数据

校园花木物语：上海应用技术大学植物图说 / 赵杨
等著. -- 北京：中国林业出版社, 2022.7

ISBN 978-7-5219-1771-0

Ⅰ. ①校… Ⅱ. ①赵… Ⅲ. ①植物—图集—上海
Ⅳ. ①Q948.525.1-64

中国版本图书馆CIP数据核字（2022）第124968号

责任编辑：张华

出版　中国林业出版社（100009　北京市西城区刘海胡同 7 号）
http://www.forestry.gov.cn/lycb.html
电话　　（010）83143566
发行　中国林业出版社
印刷　北京博海升彩色印刷有限公司
版次　2022 年 7 月第 1 版
印次　2022 年 7 月第 1 次印刷
开本　710mm × 1000mm　1/16
印张　11
字数　288 千字
定价　98.00 元